# 美 国 绿 道

［美］查尔斯·E·利特尔　著

余　青　莫雯静　陈海沐　译

中国建筑工业出版社

著作权合同登记图字：01-2010-5136 号

**图书在版编目（CIP）数据**

美国绿道/（美）利特尔著；余青，莫雯静，陈海沐译．—北京：中国建筑工业出版社，2013.1

（风景道规划与管理丛书）

ISBN 978 – 7 – 112 – 14309 – 2

I. ①美… II. ①利…②余…③莫…④陈… III. ①城市道路 – 道路绿化 – 研究 – 美国 IV. ①TU985.18

中国版本图书馆 CIP 数据核字（2013）第 008668 号

Greenways for America /Charles E. Little

© 1990, 1995 The Johns Hopkins University Press

All rights reserved. Published by arrangement with The Johns Hopkins University Press, Baltimore, Maryland.

Chinese Translation Copyright © 2013 China Architecture & Building Press

本书中文简体字翻译版由美国 The Johns Hopkins University Press 出版社授权中国建筑工业出版社独家出版并在中国销售。未经出版者书面许可，不得以任何方式复制或发行本书的任何部分

责任编辑：董苏华
责任设计：陈　旭
责任校对：刘梦然　王誉欣

风景道规划与管理丛书

**美国绿道**

[美] 查尔斯·E·利特尔　著

余　青　莫雯静　陈海沐　译

\*

中国建筑工业出版社出版、发行（北京西郊百万庄）

各地新华书店、建筑书店经销

北 京 嘉 泰 利 德 公 司 制 版

北京云浩印刷有限责任公司印刷

\*

开本：880×1230 毫米　1/16　印张：9¾　插页：12　字数：270 千字

2013 年 1 月第一版　　2013 年 1 月第一次印刷

定价：**48.00** 元

ISBN 978 – 7 – 112 – 14309 – 2

（22369）

# 目　录

**绿道（greenway），名词**

　　1. 一种线形开放空间，往往沿自然廊道——比如河岸、溪谷，或者山脊线——而建；或沿陆地上交通运输路线——比如运河、风景道路或其他路线——的路权所在范围而建，其功能转化为休闲游憩。

　　2. 任何用于行人或自行车通行的自然或景观路线。

　　3. 开放空间的连接线，将公园、自然保护地、文化特征物、历史场地以及居住区等连接起来。

　　4. 在地方，某些条状地带或线性公园被指定为公园道或者绿带。

　　[美国新词：绿色（green）＋道路（way）；起源不详]

*for Richard H. Pough*

# 前　言

当国家历史进程发展到了一个缺乏礼仪文明的时刻，我们需要密切地关注一个惊喜的逆向趋势——一个美好的、并能够给予每一个人希望的惊喜，即绿道运动，一场由怀揣公益心的众多美国民众发起的运动。该运动意在通过我们生活、工作的地区（贫穷地区、富裕地区；城市、郊区和乡村）的绿色廊道实现人与人之间，以及人与自然之间的连接。就像作者在本书的某一章节所提到的，创造一条绿道，就是创造一个社区。上帝知道，我们太需要社区连接了。

借本书平装版出版的机会，我很高兴地宣布从我第一次开始这一研究时，绿道运动已经获得持续成功。当我在以保护为导向的杂志上向读者征求对现有绿道案例进行推荐时，我至少收到了500多封回信。相对于目前成千上万的绿道项目来说，那仅仅是极少数的一部分。我几乎每天都收到关于绿道的回信或新闻简报。就在我写本书时，还刚刚收到一封邮件。猜猜是什么？我收到了来自波托马克河绿道联盟（Potomac River Greenways Coalition）的一则时事通讯，在我研究的初期阶段该联盟尚未存在，但目前已由河流及支流沿线的150个市民团体组成，比如宾夕法尼亚州的福灵斯普林分部（Falling Spring branch）。福灵斯普林绿道公司在一个溪流恢复的项目中栽种了树木和灌木，与土地所有者为保护性地役权及绿道沿线的土地征用已达成协议。

本书最早的赞助者是负责绿道研究的美国保护基金会（Conservation Fund），出版所需资金来自国家艺术基金会（National Endowment for the Arts）和资助该项目的美国保护协会（American Conservation Association）（再一次谢谢他们）。他们目前已经制定了一个十分成熟的资助计划，为有价值的绿道项目提供专项资金资助，其中包括福灵斯普林绿道。国家公园管理局通过河流、游径及保护援助计划（Rivers, Trails, and Conservation Assistance Program），为预期的绿道项目提供规划、研究和组织援助，也为绿道运动贡献了自己的力量。在本书第 10 章的最后三页能够找到美国保护基金会及国家公园管理局的地址和电话号码，以及其他对绿道运动能够提供帮助的项目信息。

自本书第一次出版以来，出现了许多新的关于绿道建设技术性细节的书籍和报告，最著名的是由查尔斯·A·弗林克（Charles A. Flink）、罗伯特·M·西恩斯（Robert M. Searns）和洛林·LaB·施瓦茨（Loring LaB. Schwarz）编撰的《绿道规划·设计·开发》（Greenways: A Guide to Planning, Design, and Development），该书于 1993 年由岛屿出版社（Island Press）出版。* 弗林克和施瓦茨的工作也是由保护基金会赞助的。还有其他著名的书籍：由丹尼尔·史密斯（Daniel Smith）和保罗·黑尔蒙德（Paul Hellmund）编撰，明尼苏达大学出版社出版的《绿道的生态性》（The Ecology of Greenways）；由国家公园管理局河流、游径及保护援助计划于 1992 年出版的《保护河流、游径及绿色廊道的经济影响：一本资源书籍》（Economic Impacts of Protecting Rivers, Trails, and Greenway Corridors: A Resource Book）；由卡伦（Karen Lee Ryan）编撰、岛屿出版社和铁路－游径改造管理处（Rails-to-Trails Conservancy）1993 年共同出版的《21

＊ 该书中文版于 2009 年 3 月由中国建筑工业出版社出版。——编者注

世纪的游径》（Trails for the Twenty-first Century），以及由凯斯（Keith Hay）撰写，美国保护基金会 1994 年出版的《绿道·野生动物和自然廊道》（Greenways，Wildlife，and Natural Gas Corridors）。

　　我自己作为一个作家，至《美国绿道》一稿投入印刷时，我将去完成其他三本书籍的撰写工作。必须说明的是没有任何一本书（这一系列内）能够像本书一样给我带来巨大的认同感，而且，我正在尝试着按照本书里所宣扬的那样做。一年前我和我的妻子伊拉（Ila）从居住了 20 余年的华盛顿特区的郊区搬到了新墨西哥州北部。新家位于桑迪亚山（Sandia Mountains）山麓，溪流蜿蜒、矮松和杜松遍布——新墨西哥州特有的景观。

　　溪流附近数英里的土地为私人所有，包括每一个延伸段，都是我们的财产。自从罕见的暴雨导致了洪水暴发，溪流沿线便不允许建造任何建筑物；土地所有者也明确反对并禁止人们在由洪水冲刷出来的溪流沿线适宜的步道上散步或骑马。溪流蜿蜒穿过山脚，显得格外静谧，遍布着生机盎然的动物（鹰、猫头鹰、蜥蜴、郊狼、毒蜘蛛）、植物（多刺仙人掌、仙人球、蔷薇属灌木）和四季野花。此时，正值蓝色翠菊盛开季节，花儿大簇大簇地开放在沙漠里。我们拥有一条从干道至主要溪流的游径，长约几百码，我们邀请邻居们使用它，因为这是一条便利而愉悦的通道。住在附近的特里·雅特斯（Terry Yates）是新墨西哥州大学的一位生物学家，他经常组织沿着溪流 – 绿道系统的自然散步活动，他和其他人希望为这条游径出版一本指南和地图。这条游径带给我的愉悦及期望是无法用语言表达的。

　　"当你独自享受一样东西时，是无法获得真正的愉悦的"是对这一感受的恰当表达。绿道的非排他性对于绿道建设者来说，愉悦度更高，因为绿道将人们与自然连接起来了，连接给我们带来了希望。

图 1　伯克 – 吉尔曼游径，（Burke–Gilman Trail）西雅图，华盛顿州

2

3

图 2　奥科尼河绿道（Oconee River Greenway），雅典，
佐治亚州
图 3　弗伦奇布罗德河，阿什维尔（French Broad River,
Asheville），北卡罗来纳州
图 4　威拉米特河绿道（Willamette River, Greenway），
俄勒冈州
图 5　弗雷德里克·劳·奥姆斯特德的绿宝石项链
（Frederick Law Olmsted's Emerald Necklace），波士顿，
马萨诸塞州

4

5

图6 切萨皮克与俄亥俄运河国家历史公园（Chesapeake & Ohio Canal National Historical Park），华盛顿特区和马里兰州

图7 第31街绿道（现索尔特河绿道）[31th Street Greenway,（now Salt Creek Greenway）]，芝加哥郊区，伊利诺伊州

图8 圣胡安群岛"轮渡走廊绿道"，皮吉特湾（San Juan Islands "Ferryboat Corridor Greenway," Puget Sound），华盛顿州

图9 斯托休闲步道（Stowe Recreation Path），斯托，佛蒙特州

6

7

8

9

10

马里兰州绿道网络中的风景：
图 10　切萨皮克与俄亥俄运河（C & O）牵道沿线
图 11　延龄草（trillium）
图 12　年轻的自行车运动者
图 13　夜鹭（night heron）

11

*12*

*13*

14

图 14　华盛顿＆旧领地游径（Washington & Old Dominion Trail），北弗吉尼亚州

# 引言
## 美国绿道

本书讲述了一场由公民倡导的不同凡响的运动。这场运动使我们从汽车里走出来，通过小道和游径穿越绿色的廊道，回归于美丽的景观中。这些廊道连接了乡村与城市，连接了人类与自然，从而将整个美国连接起来。这场运动尚未为人们所熟知，它包含了很多使我们生活区和工作地更具活力的承诺，且这些承诺是可以实现的。本书的目的就是要对开展这一运动的原因和途径进行阐释。

尽管当代风格的绿道已经出现了 30 余年，但迄今为止，创建这些绿道的民众运动仍未成熟。相关文献亦是相当匮乏。在本书研究的初始阶段（即 1987 年），我对相关目录数据库进行了整理，以便于查找与绿道相关的文章。我想到了一段引文——曾用于我已发表的一篇文章中。尽管我对通过更为繁琐的搜索可以获得更多的文章（之后我也确实这么做了）表示怀疑，但是如果要了解与这场运动相关的所有信息，则必须掌握与其相关的第一手资料。于是，我将笔者的询问发表在相关的期刊中，以便让更多对绿道感兴趣的人们能够阅读到这一内容，包括景观设计师和景观规划人员、景观保护主义者和环境保护者，以及与公园和游憩相关的各类专家和官员。这些询问帮助我与那些非常乐于参与到绿道项目中来的任何人员取得联系——在这里绿道被定义为广义概念："城市、郊区或者乡村中的线性公园，开放空间和自然保护区"。结果，我收到了 100 多封回复信件（很多都是回复那些受众面较小的期刊），其中，有 120 多条绿道成为了典型案例。

一些绿道是地方级别的，另外一些绿道属于区域或者州级别的。很多项目都建成于一个独立的线性地理空间，或一条功能发生改变的铁路通道，或溪谷；其他则是由线性开放空间网络组成的系统。一些绿道建在城市，一些建在乡村，还有一些跨越了以上两类空间。一些绿道用于游憩，一些绿道则主要源于生态、审美或环境的目的。

据我所知，美国的绿道项目多种多样，变化万千，这主要归功于人类的聪明才智以及变化万千的地形地貌。可以肯定的是，并不是所有的项目都叫做"绿道"（greenway）。比如，在某些城市及其周边，规划者和民众领导者采用了英国的"绿带"（greenbelt）术语。在西方国家，绿道并不一定隐含公路的意义，有时也被称为"公园道"（parkway）。事实上，如果你从每个术语中拿出一个音节——绿道中的"绿"（green）以及公园道中的"道"（way）等，"绿道"（greenway）主要的含义就出现了，即以保护线性廊道为基础的一条自然、绿色的道路，这些线性廊道能够改善环境质量和提供户外游憩。

尽管绿道这一概念并不推崇分门别类，但是，从那些回复我的信件中，确实可以看出，绿道主要包括五种类型：

1. 城市滨河绿道。该类绿道常常是再开发项目的组成（或者替代）部分，往往位于被忽视的、破败的城市滨水区。

2. 游憩绿道，充满个性特色的多种类型道路。该类绿道距离通常比较长，以自然廊道以及运河、废弃铁路以及公共通道为基础。

3. 具有生态意义的自然廊道。该类绿道往往沿河流、小溪以及少数山脊线而建，有助于野生动物的迁徙、物种交换、自然研究以及远足活动。

4. 风景和历史路线。该类绿道常常沿道路、公路或少数水路而建，其中最典型的就是为行人提供沿着公路和道路的通道——至少使行人远离汽车的威胁。

5. 全面的绿道系统或网络。该类绿道一般依附于自然地形——比如山谷和山脊，有时仅仅是一些随机组合的绿道或多类型的开放空间，创造一种可供选择的市政或者地区的绿色基础设施。

将征集的大量邮件按上述分类进行整理之后，我对其中的 25 个代表性项目进行个人访察——这次访察使我驾驶的沃尔沃旅行车的里程增加了 12708 英里，共到达了 25 个州。针对那些无法进行现场考察的杰出的绿道项目，我与来信者以及来信推荐者进行了电话沟通，并收集了文件资料。总体上，我收集了约 80 条知名绿道的重要资料，作为著书的基础（资料获取的主要来源请参见书后的"主要参考文献"的脚注）。

由于研究方法所限，本书各章主要涉及以下两种方式。论文类章节（占大多数）囊括了以主题为框架的研究结果，主题包括绿道概念的发展历程；当代绿道运动的兴起；上述主要绿道类别的分析（5 个章节）；绿道建设具体细节；绿道使命。此外，第 3 章和第 9 章主要以概述形式对当代独特的绿道项目进行了阐述，标题为"绿道世界"，用地图和照片来阐述。绿道筛选标准，主要是那些具有典型性意义且目前仍活跃的案例，而不是个别不合时宜或不具有历史重要性的案例。很多没有在"绿道世界"提及的项目往往以更长的篇幅出现在论文类章节中。

大多数读者可能会选择从头至尾地通读全书，既不跳过章节也不细细品味，本书运用这种交叉式的组织方式，就是允许（即使不鼓励）读者浏览项目——在阅读绿道故事的起源（第 1章）之前，清楚其包含的系列和多样性，并以一种与时俱进视角，对当今绿道运动总体状况有所了解。

# 第 1 章

## 缘起

> 制定尽可能多的规划；规划可能没有魔力使人们热血沸腾，也可能不为人所熟知。制定大型的规划：在对之寄予很高期望和执行力的同时，要铭记的是，一个符合逻辑的图表，一旦被记录下来，就永远不会消失。
>
> ——丹尼尔·伯纳姆（Daniel Burnham）

随着现代绿道运动的开展，杰出的公园规划师——弗雷德里克·劳·奥姆斯特德（Frederick Law Olmsted）发挥着越来越重要的作用——他正是绿道这一概念的发明者。1822 年，奥姆斯特德出生于康涅狄格州的哈特福德（Hartford，Connecticut），是一名真正意义上的、杰出的绿道建设者，他初始并非专业设计师，仅是在年轻时涉足了多种领域。他曾经是土木工程师的学徒、水手、康涅狄格州的农民、斯塔滕岛（Staten Island）的园丁和新闻工作者。但是，最终在绿道这一工作领域，他的天分得以发挥。目前，他的一本关于美国内战前南方地区状况的书籍《棉花帝国》（Cotton Kingdom）仍在出版。

在 35 岁这一年，"杂家"奥姆斯特德获得一项管理工作，他作为项目负责人，负责将一片未经开发的场地设计成为纽约市的中央公园（central park）。在此期间，奥姆斯特德认识了一名英裔建筑师——卡尔弗特·沃克斯（Calvert Vaux），他移民至美国，曾与纽约纽堡人安德鲁·杰克逊·唐宁（Andrew Jackson Downing）共事。安德鲁·杰克逊·唐宁是一名成功的景观园林师，他将英国园林设计中的"风景"原则应用于美国新兴地产。奥姆斯特德对安德鲁·杰克逊·唐宁的尊崇由来已久——不仅仅是因为他主持了中央公园项目的建设，而且也因其在纽堡（Newburgh）工作时与沃克斯相熟识。沃克斯在安德鲁·杰克逊·唐宁去世后的几年里有些无所适从，在奥姆斯特德接管中央公园项目之后，卡尔弗特·沃克斯劝说奥姆斯特德与他共同为一个公园设计竞赛提交一份规划。而奥姆斯特德在周游了欧洲（尤其是英国）的风景园林和公园之后，已经形成了自己的很多想法。他决定去尝试这些想法。值得注意的是，沃克斯-奥姆斯特德规划在竞赛中获胜，从 33 项作品中脱颖而出。即使他在当时并没有完全意识到这一点，但是，他已经找到了自己的专长，即将园林设计师与建筑师融合在一起的景观建筑师——虽然他对这个称呼并不满意。奥姆斯特德有着敏捷的创新思维以及充沛的精力。中央公园项目使得奥姆斯特德重任在肩，也使他的艺术和技艺得到了进一步提升。

美国南北战争（Civil War）初期的紧张阶段，奥姆斯特德作为华盛顿特区的卫生委员会（Washington D. C. -based Sanitary Commission）秘书，为军队受伤人员和病患提供帮助，在 41 岁时，奥姆斯特德又回到了纽约和中央公园。1863 年春季，因与中央公园委员会的一次争执，致使奥姆斯特德和沃克斯为中央公园这一项目而放弃了景观建筑师的头衔（在 1865 年得以恢复）。由于这一插曲，奥姆斯特德和他在内战期间认识的朋友埃德温·L·戈德金（Edwin L. Godkin），构思了一本启迪思想的政治周刊《国家》（The Nation）——直至今日，该刊物仍在发行。不过，适值不惑之年的奥姆斯特德需要为家人谋生计，可这一刊物的前景却充满了未知，就像景观建筑师的未来一样。而且，由于对沃克斯非常失望（尽管合作关系仍然维系着），奥姆斯特德出走了。他乘火车穿过狭窄茂密的巴拿马地峡（Panama Isthmus）前往加利福尼亚（California），去管理约翰·查理斯·弗莱蒙（John Charles Frémont）的玛里波萨庄园（Mariposa estate）。这是加利福尼亚北部最为广阔的庄园，由拓荒者、地方州长、参议员、总统候选人和军队上将等共同拥有。庄园主要的价值在于金矿，已经被东部投资财团以 1000 万美元的价格从弗莱蒙手中买下。因有了供职于中央公园和卫生委员会的经验，奥姆斯特德展现出不凡的管理才华。为了吸引奥姆斯特德加入此项目，财团提出了 10000 美元的年薪和同样数额的金矿股票。不过幸运的是（从历史上来说），这一工作并没有持续太久，金矿破产了，奥姆斯特德履行了他的全部责任，很快辞去了这一工作。不过，他还在西部设计了一些似乎非常具有吸引力的项目——加利福尼亚州隶属的约塞米蒂公园（Yosemite Park）、奥克兰的一个公墓、为旧金山的一个主要城市公园规划（但这个项目未能实现），加利福尼亚大学伯克利分校校园设计。

查尔斯·E·贝弗里奇（Charles. E. Beveridge）是美国大学（American University）和约翰·霍普金斯大学出版社（Johns Hopkins University Press）一项卷帙浩繁的长期合作项目——奥姆斯特德文集（Frederick Law Olmsted Papers）——的编辑。在他看来，伯克利分校校园设计是奥姆斯特德式绿道理念的发端处。查尔斯提到，"奥姆斯特德认为对于大学校园和邻近街区来说，规划中应首先提及两项'绿道'要素。一是将位于大学上方的草莓溪山谷（valley of Strawberry Creek）作为公共公园地，使其沿线充满驾驶和步行的愉悦，并在峡谷的顶端以一个观景点作为旅途的终点。二是建议通过穿行山地的驾驶路（他的第一条位于公园外的道路）将校园和奥克兰连接起来，主要为马车设计并提供愉悦的风景体验。"即使奥姆斯特德所编制的公园道和步行道规划只有部分被付诸实践（几个街区的道路），学校基金成员对于这一规划的接受也足以成为绿道发展历程的起源——当时是 1865 年 10 月 3 日。

与此同时，奥姆斯特德收到了来自同事沃克斯的一封紧急信件——二人一直保持着通信联系，沃克斯试图说服这个倔强的伙伴回到东部的设计工作中。沃克斯在信中提到，现在的布鲁克林市（Brooklyn）基本保持了完整的形式，足以设计为一个大型的公园，他已经向城市规划机构提交了初步的设计方案，希望奥姆斯特德回去参与。在加利福尼亚，由于玛里波萨庄园的财富已经用完，间歇性的设计工作已不足以支撑他的生活，奥姆斯特德感到有些裹足不前。毫无疑问，回归的时机到了。奥姆斯特德回复道，"如果我们继续共同工作的话，我的心将为此狂跳不已（如果你不介意我用诗歌的话）……"

最终，他回到了东部，促进了公园项目的顺利完成（the park assignment secured）。当奥姆斯特德在阅读布鲁克林以及海湾对岸的邻城纽约❶的地图时，他的想象力得以充分发挥。谁能够知道运用何种创新性思维能够从一些毫无规律的印象、事实和体验等信息中获得新的观点呢？奥姆斯特德深受英国景观园林风格的影响，这一点在中央公园设计上已有所体现，而在他设计的

---

❶ 五个区合并组成纽约市于 1898 年完成。在此之前，区内的县、城市（比如金斯县的布鲁克林）是独立的。

布鲁克林项目——景观公园（Prospect Park）中得到了更多的展现，这座公园是他的最爱。此外，奥姆斯特德在布鲁克林项目设计中还进行了其他尝试，毫无疑问，其中的一些方面是受到了伯克利线性公园和风景驾驶概念的启示，而查尔斯认为，奥姆斯特德曾于 1856 年和 1859 年游览了巴黎和布鲁塞尔宽敞的林荫大道的这番经历，也对他有所启发。奥姆斯特德还可能受到他乘火车穿越青葱的巴拿马地峡游历的影响。在写给妻子玛丽（Mary）的书信中，他提到"那里的植被多种多样，简直棒极了！在那里，自然的慷慨赋予植物以强烈的精神意义。"

在布鲁克林，奥姆斯特德所形成的理念是"线性公园道"（Linear Park Way）——传记作家伊丽莎白·史蒂文森（Elizabeth Stevenson）认为这一词语由他原创。巴拿马地峡是一条郁郁葱葱的绿色廊道，它连接了大西洋和太平洋，并给奥姆斯特德带来了精神上的冲击，使得伟大的设计师奥姆斯特德也希望通过一条公园道作为主要的通行廊道，让景观公园（Prospect Park）能够为游客提供精神层面的冲击。他坚信，在游客进入公园之前，一条公园道能够起到引景的效果，并为进入公园的游客创造一种宁静、美好、和谐的愉悦感。景观公园通过对狭长小径（berm）艺术化的利用，创造了一种与其周边忙碌城市截然不同的乡村田园风光。从这一视角，它甚至超越了中央公园。

据历史学家戴维·斯特勒的研究（David Schuyler，在其关于 19 世纪城市设计研究的《新的城市景观》一书中），认为恰恰是景观公园这一项目使得沃克斯和奥姆斯特德完全实现了一个目标，即不需要单独的公园，也不需要多么豪华和大型的设计，就能够使市民享受到自然的恩惠。他们认为，公园与公园之间需要彼此相接，同时公园也要与居民区相邻。鉴于此，1866 年，他们提出了关于布鲁克林的提案，迫切地希望提供一种于林荫中驾驶的愉悦体验——从公园位于乡村的南端起点一直蔓延到科尼岛（Coney Island）的海岸线。他们建议另一条驾驶路线从公园一直延伸到东河（East River），之后，穿越一座桥梁或渡口，抵达曼哈顿岛（island of Manhattan），与中央公园连接起来。尽管布鲁克林早期的城市建设者对于与中央公园相连接并不感兴趣，但他们最终同意奥姆斯特德提出的建立海洋公园道（Ocean Parkway）的建议。该公园道穿过弗拉特布什（Flatbush）连接了景观公园和科尼岛，此外，东部公园道，连接了公园和西北部海岸（现今成为皇后区，borough of Queens）。这两条公园道都是六车道（带有木质路缘），非常宽阔，每车道 32 英尺宽，总宽度为 260 英尺。它们是美国最早的绿道之一，目前已成为新的布鲁克林区 - 皇后区绿道（Brooklyn—Queens Greenway）的一部分（参见第 9 章）。

公园道理念体现在奥姆斯特德和沃克斯同一时期的其他著名的设计作品中。据戴维论述，1868 年一条为水牛城而建的公园道形成了第一个公园连接系统。同年，他们还设计了连接伊利诺伊州城郊河岸与芝加哥的公园道。最能够体现奥姆斯特德的公园及公园道理念的规划项目可能要算提议于 1887 年的波士顿"翡翠项链"（Emerald Necklace）了。这一项目被一些人称作狭长的公园，亦可称为奥姆斯特德公园道，它通过贝克海湾沼泽（Back Bay Fens）和泥河（Muddy River）——一条环绕城市长约 4.5 英里的弧线——连接了波士顿市中心公园（Boston Common）和富兰克林公园（Franklin Park）。景观建筑师查尔斯·波恩波姆（Charles Birnbaum）曾在公园的修复工程中提到，翡翠项链被视为奥姆斯特德设计作品中的"最杰出的绿道"。

公园和公园道理念被应用在美国很多城市中，包括除奥姆斯特德之外的很多设计师也将这一理念付诸实践，比如著名的 H·W·S 克利夫兰（H. W. S. Cleveland）。克利夫兰与奥姆斯特德属于同一时代，设计了第一项也是最为杰出的城市开放空间网络——明尼阿波利斯 - 圣保罗大都市公园系统（Minneapolis-St. Paul metropolitan park system）——该项目完成于 1895 年。

早期的公园道和线性公园是为步行者、马车和骑马者所建。当奥姆斯特德在伯克利萌生步行道的设想以及在布鲁克林设计海洋公园道时，自行车尚无人使用，机动车就更不用说了。普通的高轮自行车（high-wheel）直到 19 世纪 70 年代才被美国人所熟知，而具有充气轮胎的自行车（有车链传动的）直到 19 世纪 90 年代才出现。1893 年，美国制造的第一辆汽车杜里埃（Duryea）进入市场；1902 年，随着奥斯莫比（Oldsmobile，汽车品牌——译者注）的问世，大规模的汽车生产才刚刚开始；1908 年，福特 T 型车（Ford Model T）出现。生活经验告诉我们，公园道是一条便于机动车往返的景观道路，能够引导我们进入一个虚拟的世界，去感受早期的公园道和线性公园与现代绿道运动之间的关系。很多公园道都符合当今绿道运动推动者所推崇的自然性和乡村性的理念。

机动车的大规模生产改变了公园道早期的特征。1910 年，美国已经出现了近 50 万辆机动车，平均 200 人一辆。这些机动车大多数为休闲工具，而不是交通必需品。在大都市化的美国，有轨电车、火车和渡轮都属于通勤交通工具。机动车主要用于娱乐，随着它的数量不断上升，也使得公园道的游憩潜力得以挖掘。❶ 第一条具有机动车游憩功能的公园道是布朗克斯河公园道（Bronx River Parkway），那是当时最美丽的乡郊道路。这条道路长约 23 英里，将纽约市与韦斯特切斯特（Westchester）乡村连接起来，特别是将肯西科大坝（Kensico Dam）和相关的供水水库与韦斯特切斯特县北部广阔的流域土地连接起来。1906 年，通过立法使道路的地位得以确立，但是实质性工作则于 1913 年才开始。今天，尽管公园道主要发挥日常通勤的功能，但是"公园"游憩仍是道路功能不可或缺的一部分。人们依然热衷于在廊道散步、野餐、田野调查，廊道为步行者提供了从瓦尔哈拉（Valhalla）的肯西科大坝至布朗克斯的声景公园（Sound - view Park）之间的步行道。正如规划者一个世纪之前所承诺的那样，这条公园路仍然"使人们的思想和身体心旷神怡，同时带给人们健康和幸福"。

布朗克斯河公园道成功之后，韦斯特切斯特县和长岛（Long Island）的机动车公园道开始增多，大多数都出现于纽约著名的建筑师罗伯特·摩斯（Robert Moses）所处的时代。事实上，摩斯（1888—1981 年）是世界上创建公园和公园道最多的人，这些公园和公园道大多与其他建筑物同时而建——包括桥梁、住房、大坝，以及其他几乎所有的事物，包括著名的皇后区露天广场（fairgrounds）和曼哈顿的联合国总部（the site of United Nations in Manhattan）。据传记作家罗伯特·卡罗（Robert Caro）所述，摩斯"建造的公共作品花费了 270 亿美元（以 1968 年的美元价值来看）"。

尽管摩斯的作品种类繁多，但是能够从 1920 年影响至今，以致未来每一位纽约人生活的作品，则只有公园道。在韦斯特切斯特县以及布朗克斯，他主持了哈切逊河公园道（Hutcheson

---

❶ 同时也规划非都市的公园道，比如著名的蓝岭风景道（Blue Ridge Parkway），1909 年开始构思，直到 1935 年开始动工建设。

River Parkway）、塔科尼克公园道（Taconic Parkway）、苏米尔河公园道（Saw Mill River Parkway）以及克罗斯县公园道（Cross County Parkway）的建设，还建设了曼哈顿的亨利哈得孙公园道（Henry Hudson Parkway），翻新了奥姆斯特德和沃克斯的河滨驾车线路和河滨公园；此外还有布鲁克林的贝尔特公园道（Belt Parkway）。但这些都仅仅是起步而已。直到皇后区和长岛等项目，摩斯才将公园道的理念付诸实践：大中心公园道（Grand Central Parkway）、北部州立公园道（Northern State Parkway）、南部州立公园道（Southern State Parkway）、区间公园道（Interborough Parkway）、劳雷尔顿公园道（Laurelton Parkway）、克罗斯岛公园道（Cross Island Parkway）、梅多布鲁克州立公园道（Meadowbrook State Parkway）、贝思佩奇州立公园道（Bethpage State Parkway）、海洋公园道（Ocean Parkway，与奥姆斯特德的不同）。这一名单并不包括高速公路，比如拥挤堵塞的长岛高速公路（Long Island Expressway, L. I. E），现如今已被大家戏称为世界最长的停车场。

实际上，摩斯的初衷是为生活在拥挤的纽约市市民建立一个游憩网络，而非通勤线路。20世纪 20 年代，机动车通往游憩区域的交通通勤需求大幅度增加，摩斯发现韦斯特切斯待和新泽西（当时选择的目的地）只能提供有限的周末出游机会。在韦斯特切斯特，很多公园和高尔夫球场都仅对韦斯特切斯特居民开放；在新泽西，在桥梁和隧道建立之前，到达 1900 年建造的壮丽的帕利塞兹公园（Palisades Park）需要花费相当长的一段时间——这打消了很多人前来旅行的念头。那应该到哪里去？摩斯决定到长岛去。只要跨越了狭窄的适宜架桥的东河，这一大片的乡村区域，包括农场、海岸、池塘、溪流、森林以及广阔的土地都将成为城市的活动场所。

尽管摩斯经常设计新的公园，以建立公园道，但是他所规划的长岛公园道主要将现有的公园连接起来。除了一些著名的公园之外——比如琼斯滩（Jones Beach），很多线性公园——尤其在皇后区——由此而产生，这些公园和奥姆斯特德早期的公园和公园道都为新布鲁克林－皇后区绿道（New Brooklyn – Queens Greenway）的建成奠定了基础。而新布鲁克林－皇后区绿道也成为连接长岛北部海岸（North Shore）和科尼岛以及大西洋南部海岸的远足和自行车游径。但是，最终这位优秀的公园道建设者成为了一个公路建设者。当满足汽车日益增长的速度和数量成为公路设计的要求时，景观价值成为了公路工程师方案中的附属内容，公园道的景观价值开始凸显，规划师们开始思考如何歌颂自然风景并使其发挥效用。举个普通的例子，摩斯想要把海洋公园道沿琼斯滩延长至法尔岛（Fire Island）——南部海岸（South Shore）的天然沙丘，目的在于向每一位珍惜脆弱的自然生态资源的民众以及沿岸的社区表示敬意。摩斯说，不用担心，公园道将固定住沙丘。最终，通过使法尔岛在 1972 年成为国家游憩区通道（Gateway National Recreation Area）的组成部分之一，摩斯的规划获得优先通过。

另外一位罗伯特·摩斯·瓦特洛（Robert Moses Waterloo）——在他事业后期设计了很多作品——建成了里士满公园道（Richmond Parkway）。他早就期盼能够建设这样一条公园道，该公园道将沿着美丽的斯塔滕岛（Staten Island）陡崖上长满树木的山脊蜿蜒伸展。1963 年，公民领袖反对这一公园道规划，提议建立斯塔滕岛绿带（Staten Island greenbelt）以取代公园道，并建奥姆斯特德游步道（trailway）从其间穿过。这条游步道的命名得益于曾住在斯塔滕岛上的一位年轻园丁，他曾提议过沿山脊建一个线性公园。摩斯未被动摇，他认为绿带或游步道概念只是一群极端的环保主义者（a bunch of elitist tree-huggers and daisy-sniffers）想为自己保留这一岛屿而采取的公关伎俩罢了。在前一位摩斯宣传公园道的时候，他提到过一个词语叫"伪环境保护者"（suede-o conservationists）。但是，最终这些"伪环境保护者"取得了胜利，而摩斯和道路建设者们——这些环境威胁者们失败了。斯塔滕岛绿带依旧是美国第一条也是最富灵感的绿道项目。我们将在后文予以提及。

1981年，摩斯——一位痛苦的（bitter）老人——在康涅狄格州去世（Connecticut）。1989年，不被看好的里士满公园道（Richmond Parkway）项目的地图绘制工作正式开始了。奥姆斯特德游径代替了非奥姆斯特德式的高速公路，目前它是斯塔滕岛绿带的组成部分。沿着此公园道，是一片3000英亩的公共和准公共开放空间土地的聚集。

事实上，绿带概念本身就是绿道理念的重要历史来源——其重要性绝不亚于奥姆斯特德设计的公园道。正如在本书引言中所提及的那样，由两个术语共同创造了合成词"绿道"（greenway）。尽管在美国，"绿带"（greenbelt）的概念传递了一些有关开放空间的相对宽泛的内容（有些地方甚至将其与"绿道"通用），但是正如刘易斯·芒福德（Lewis Mumford）在《城市发展史》（The City in History）一书中所提及的，在英国，绿带概念大约发源于19世纪末、20世纪初，绿带发挥了相当特别的作用，避免了彼此独立的社区成为"组合城市"（conurbation）。芒福德列举了英国经济学家阿尔弗雷德·马歇尔（Alfred Marshall）的观点，这位经济学家曾在1899年的一张报纸上指出："我们需要避免一个城镇成为另外一个城镇，或者成为一个相邻的村落；我们应当使奶牛牧场同公共娱乐用地一样成为联系不同乡镇的中介场所（intermediate stretches）。"

马歇尔对于中介场所的阐述大体上类似于埃比尼泽·霍华德（Ebenezer Howard）提出的"田园城市"概念（garden city）。霍华德是一位英国的社会改革家，同时也是1898年出版的《明日：通往社会改革的和平之路》（To-Morrow：The Peaceful Path to Social Reform）一书的作者——该书于1902年以《明日的田园城市》（Garden Cities of To-Morrow）这一标题再次出版。霍华德提议通过建设一条环绕着田园城市的农业"乡村绿带"，来维护乡村完整性以保持城市整体的完整。之后，规划设计师雷蒙德·昂温（Raymond Unwin）将这种保护性的环形土地称之为"绿带"（green belts），该词至今被广泛应用于英国和美国。

据英国城镇规划专家弗雷德里克·J·奥斯本（Frederick J. Osborn）观点，霍华德不认为几个美国社区能够称为"田园城市"——尽管，据戴维·斯凯勒（David Schuyler）所说，他居住在芝加哥的那段时间，通过1868年伊利诺伊州河岸规划（1868 plan for Riverside，Illinois），了解到奥姆斯特德是如何利用开放空间的。第一座美国田园城市由A·T·斯特沃特（A. T. Stewart）于1869年在长岛建立，到了1900年，其他一些同样称作田园城市的城市也在这个国度建立起来。无论如何，霍华德的观点与美国版本的田园城市有所不同，他并未考虑在一座城市中建立多个花园，而是将一座城市视为一个花园——将城市置于永久的农业景观之中。刘易斯·芒福德写道："霍华德预先考虑到的是城市和乡村之间较为稳定的联系而不是周末的联系……为了表达并实现城乡之间的再联合的目标，他在新城周围建立了乡村绿带。这个二维的'地缘墙'不仅保持了附近的乡村环境

(keep the rural environment near)，同时也阻止了其他城市定居点与其相连；尤其是绿带将如同中世纪风格城市的垂直墙体一样，增强了内部联系的感觉。与田园城市概念不同的是，绿带的主要贡献在于以在城市社区的周围建立永久性绿带为原则。"

在英国，霍华德的贡献主要表现为两种形式。第一种是自 1903 年他为莱奇沃斯（Letchworth）所做的规划之后，在英格兰、苏格兰和威尔士，以昂温于 1920 年设计的韦林城（Welwyn）——位于伦敦以北 20 英里处——为代表的很多"新型城镇"逐渐兴起，这成为了田园城市理念的直接展现。此类小型城镇（30000—50000 人口）不仅具有内部游憩开放空间网络，同时也具有环形绿带。对于霍华德理念的第二种表现方式，是建立一条环绕伦敦的乡村带。1938 年，伦敦绿带法案（London Green Belt Act）得以通过，该法案承认了城市周围的公共开放空间。1944 年，帕特里克·阿伯克隆比（Patrick Abercrombic）爵士设计了一个更为详尽的规划，提议建立由公共空间和私人土地共同组成的 5 英里以上的绿带，以阻止城郊的开发。最终，在 1955 年，该规划得以通过。私人土地所有者所失去的开发利益也获得了相应的补偿。今天，伦敦绿带已经成为永久性的固定的设施——尽管撒切尔夫人（Thatcherite）的支持者并不赞成该社会党人的理念。

在美国，还没有类似于伦敦绿带的项目，除了旧金山湾区域，规划师一直坚持认为环绕海湾的乡村地区应该考虑建设一条绿带外，即便从法律上来看还有很漫长的路要走（参见第 9 章）。从一个较小规模的视角来看，科罗拉多州的博尔德市（Boulder）在过去的 20 年拼合了一条环绕城市的绿带。

在美国，绿带理念下的新型城镇基本上被完全接受了，但是，在 20 世纪 30 年代——即罗斯福（Roosevelt）执政的新政时期，罗斯福智囊团提出在雷克斯福德·特格韦尔（Rexford Tugwell）领导下建设绿带城镇，用来负责重新安置那些在经济低迷时期失去土地的乡村居民。三个典型城镇依然存在，它们分别位于马里兰州、俄亥俄州和威斯康星州。众所周知的马里兰州绿带小镇，现在已经成为华盛顿特区（Washington D. C.）的郊区。在那里，部分的绿带确实将社区与无明显差别的住房开发区划分开来。绿带概念，作为划分社区的一种手段，在新泽西州的拉德本（Radburn，New Jersey）城镇规划中也有所体现。该镇是克莱伦斯·斯坦（Clarence Stein）和亨利·莱特（Henry Wright）于 20 世纪 20 年代所设计的郊区城镇的首创案例。

尽管这些城镇规划师的贡献都很卓越，但是将英国绿带理论应用于现代绿道建设中来，最杰出的作品要数本顿·麦凯（Benton MacKaye）的作品。麦凯是著名的画家、作家和剧作家斯蒂尔·麦凯（Steele MacKaye）的儿子。斯蒂尔·麦凯设计了麦迪逊广场剧院（Madison Square Theater），还发明了顶棚照明灯和戏院折叠椅，此外，本顿·麦凯的哥哥是著名的剧作家皮尔斯·麦凯（Percy MacKaye）；不过，他并没有继承家族事业。反之，他曾致力于成为一名护林员，之后，成为了 20 世纪 20 年代区域规划运动（regional - planning movement）中的重要人物，他为人所熟知是因为其是阿巴拉契亚游径（Appalachian Trail）的发起人，他于 1921 年在一篇文章中提出了游径的想法。他一生都致力于郊野保护以及大都市区域规划。作为创建于 1936 年的野生动物社团（Wilderness Society）的成员，麦凯与奥尔多·利奥波德（Aldo Leopold）、罗伯特·马歇尔（Robert Marshall）以及其他合作伙伴一起工作，同时，他也是美国区域规划委员会（Regional Planning Association of America）成员之一。

　　麦凯认为第一次世界大战之后"大都市化"将在乡村周围泛滥成灾，他对此深感焦虑，因此，他提议沿着主要山脊线开发作为"堤坝"的开放空间，目的在于维持并引导外围的都市流。麦凯在他的《新探索》（The New Exploration，1928）中提出，"如果任其发展，都市的洪流将蔓延过主要公路（以及辅路）……通过一系列连续的线性规划对人口加以分流，最终将形成一个大都市网络。"

　　麦凯的描述意在阻止今天我们所说的城市蔓延，他的意思在于利用公共空间作为有限的"堤坝"来抑制城市开发的脚步。在一个假定的城市区域——位于他在马萨诸塞州雪莉中心（Shirley Center）的住所附近，并非与波士顿完全不同，他这样阐述它的功能："其绝妙的地形特征由山脉所组成，这些山脉遍布整个地区，与四面山脊一道将中心城市包围……它将成为一个线性区域，或者呈带状环绕或者横穿整个地区，非常适合露营和原始的旅行（徒步或者骑马）。"

　　麦凯继续提到："这些开放的小道沿山脊而建，成为原始环境的线路标志，同样的，机动车道则标志着向大都市环境延伸的线路。当机动车道成为大都市交通流的疏通渠道之时，开放的小道（与机动车道交错交接）成为'堤坝'，以控制交通流的蔓延。"更重要的是，麦凯认为开放的小道不仅仅是指引开发和鼓励离心式经济增长的设施，同时也是为大都市居民提供必要的游憩机会的自然廊道。

　　通过遵循自然地貌从而赋予廊道以游憩功能，以控制城市的发展。麦凯给霍华德的乡村带（country belt）理念添加了一个重要细节，并全面地预见了以游径为基础的现代绿道系统。他呼吁，"通过各种各样城市及城镇周围的这些开放小道"建立"尽可能多的步行环线"。这一概念，虽然是60多年前提出的，但对现有的两个绿道项目仍然能够描述准确——这两个项目分别是旧金山湾区域的山脊游径/海湾游径（Ridge Trail/Bay Trail）以及波士顿周围的海湾环线项目（Bay Circuit project around Boston，两个项目详情均参见第9章）。两个项目都提到圆周形"带"，其规划者也希望建立辐射式的开放道路，与城市中心相接。

　　当然，开放性道路绿带的概念，是阿巴拉契亚游径理念（Appalachian Trail idea）的进一步细化。需要强调的是当时的麦凯并不将目前家喻户晓的阿巴拉契亚游径（AT）简单地看作是一条散步路线。他将开放性道路绿带的概念作为整个东部海岸（Eastern Seaboard）大型绿道系统的出发点。游径沿着宽阔的带状保护性开放土地而建，这片土地向东穿越山麓地区抵达沿海城市。麦凯写道："当它真正开放之时，这条道路将形成横穿美国东部的基础道路，控制大都市日后的入侵。"

　　尽管阿巴拉契亚游径最终得以完成——从缅因州到佐治亚州共2000英里——但是开放性道路绿带的基本理念并未付诸实践。在1972年，斯坦利·A·穆里（Stanley A. Murray）——后来的阿巴拉契亚游径联盟（Appalachian Trail Conference，ATC）主席——提议建立阿巴拉契亚绿道。会议记录曾提到，联盟（ATC）将"致力于建立围绕着阿巴拉契亚游径的阿巴拉契亚绿道，并给予其足够的宽度以提供具有国家重要性的地带，满足各种类型的需求——包括游憩、野生动物栖息、科学研究以及木材和水流域管理。"最终，联盟委托规划师安·萨特思韦特（Ann Satterthwaite）进行一项可行性研究，这项研究重新提及了麦凯的大区域规划导向的概念，同时对于仅是简单地保护狭窄的游径廊道表示了反对。不巧的是，时机并不成熟，穆里和萨特思韦特过于超前。尽管在美国召开的国内外专家座谈会令人印象深刻，并在最权威的杂志发表了相关文章，出版了漂亮的宣传手册❶，但有可能使麦凯的开放道路规划理念再次崛起的阿巴拉契亚绿道并未得以实施。目前，因为大规模绿道项目获得了众多的国家关注，穆里希望"阿巴拉契亚绿道能够重新吸引人们的注意力"。

同样适用的当代绿道理论还包括麦凯对于开发区内非开放道路的风景保护理论。他将这些空间称为"区际空间"（intertowns），这些地区的土地主要是典型的低密度利用土地，比如蔬菜农场、牧场以及林区。他认为这些空间中除了穿过这些地区的沿线公路，并未脆弱到完全不可开发的程度。为了克服开发带状地区可能产生的负面影响，麦凯提议沿道路边缘建成纵深 500 英尺的地带，在地带内不允许竖立任何建筑物和广告牌。这一概念，预见了另一种类型的绿道——它们大多沿风景优美或者历史性机动车道路而建，比如佛罗里达州的林冠道路（Canopy Roads）或者大瑟尔乡村（Big Sur country）的加利福尼亚路（California Route）——这将在第 9 章和第 3 章中加以详述。麦凯还写道："区际空间的可替代性项目还包括'道路小镇'（road-town），从道路一头到另一头的连接性廊道。"当初写下这些句子的时候，他并没有意识到这些廊道将带来何种灾难，但是后来，他意识到了。1975 年，本顿·麦凯去世，享年 96 岁。

截至目前为止，在有关绿道的历史时间轴上，包括 1865—1866 年的奥姆斯特德公园道概念，之后是 1887 年，他的"翡翠项链"项目中的线性公园；接下来，是 1895 年，H·W·S·克利夫兰（H. W. S. Cleveland）的明尼阿波利斯–圣保罗城市公园系统（Minneapolis-St. Paul park system）。查尔斯·埃利奥特（Charles Eliot）、约翰·查尔斯·奥姆斯特德（John Charles Olmsted）（奥姆斯特德的侄子，也是他收养的继子）、小弗雷德里克·劳·奥姆斯特德（Frederick Law Olmsted）（奥姆斯特德的儿子），以及其他很多长期在奥姆斯特德公司工作的人员都在特定的历史阶段作出了贡献。当然，我认为，罗伯特·摩斯大约在 20 世纪 20 年代，有着他自己的历史意义——尽管他有些妄自尊大。1906—1913 年间，以吉尔摩·D·克拉克（Gilmore D. Clarke）为首的参与了建设布朗克斯河公园道的规划者们，贡献不菲，这一点毋庸赘述。

此外，还有 1898 年的埃比尼泽·霍华德、雷蒙德·昂温、帕特里克·阿伯克隆比、克莱伦斯·斯坦、伟大的新政改革者雷克斯福德·特格韦尔，以及很多在 20 世纪初在城镇和区域规划中作出贡献的人们——所有以各种方式阐述绿道概念的发起者。在 20 世纪 20 年代，一个重要的历史点——几乎与奥姆斯特德同等重要——出现了，那就是本顿·麦凯提出的开放性绿带的理念。

近年来，那些支持生态规划方法的人们也有力地推动了现代绿道运动的发展。如果说有哪一位现代生态规划实践者家喻户晓，那么，毫无疑问，这个头衔非伊恩·麦克哈格（Ian McHarg）莫属。他提出的"地形学决策方法"（physiographic determinism）已成为现代区域规划师需要考虑的重要内容。麦克哈格的方法主要是以自然进程为基础来确定开发（或者不开发）

---

❶ 由约翰·米切尔（John G. Mitchell）编写，罗伯特·哈根霍弗（Robert Hagenhofer）设计，两人曾为斯塔滕岛绿带一份相似的出版物共同合作过。之后米切尔为康涅狄格州雷丁镇的绿带工作，罗伯特为新泽西州中部的索尔兰山（Sourland Mountain trail）游径工作。

的优先权。比如，湿地地区为社会提供了特定的价值——面对洪水泛滥的河流好似一块海绵，为重要动植物提供了栖息地，成为开发区之间的缓冲带，具有极高的游憩和审美价值。麦克哈格认为，这些价值代表着自然的经济效益，而这些效益远远超过公路选线决策、购物中心建设以及公园保护区所花费的成本。事实上，土地潜在价值的肤浅评估（用于开发的土地价值高，用于保护的土地价值低）往往给规划者带来经济困扰。比如，很多滨水绿道，能够应用麦克哈格的自然进程（水流溢出河道很可能会对人类造成威胁和伤害）分析方法以及这一过程中所隐含的经济效益进行分析。

麦克哈格的基础方法是针对指定的区域，建立分层叠加式地图，地图涉及的区域是受到自然进程影响或影响自然进程的区域。每个区域的地形特点——比如陡坡，或者湿地、地表岩层（rock outcrop）、山脊线以及河道的位置——都将以不同的颜色呈现在清晰的胶片上。当所有的胶片完成以后，它们将被叠置在白纸底的地图之上。当没有显现出关键的物理特征，白底地图透过清晰的重叠显示出来。但是，当特征呈现出来的时候，背景地图则会变暗——当只有一两个特征显示出来，底图会变暗一些；当大量特征积聚在一起，底图会变得几乎全黑。相应地，那些最亮的地区适于进行开发，而稍暗的地区则需要保护。麦克哈格的著作《设计结合自然》（Design with Nature，1969），描述了这一过程，这本书受到了一致的好评，并经常被许多保护主义者和绿道学者引用，作者的技术能够提供绿道生态价值的相关证明。自1969年以来，麦克哈格的理论强调了文化和历史特征与自然特征具有同等重要意义。

在景观设计专家菲利浦·刘易斯（Philip Lewis）的作品中，可以找到一个用于确定潜在绿道廊道公共价值的折中方法。目前，刘易斯是位于麦迪逊市（Madison）的威斯康星大学环境意识中心（Environmental Awareness Center）主任。在过去的30年中，他一直是该市区域景观规划理论领域具有较强创新意识的人物。他最新的理论建立在夜间卫星图像（nighttime satellite imagery）的分析基础之上，他还提出了预言城市形式的方法。

但是，刘易斯的时间和精力则更多地花费在"环境廊道"（environmental corridor）概念研究方面。这些廊道主要指溪流河谷沿线。正如刘易斯描述的那样，"穿越土地和广阔森林的廊道，具有它们固有的美丽。但是，在狭长式的景观设计中，将那些杰出的州或者区域景观廊道连接起来的，往往是溪流河谷、悬崖、山脊、咆哮和静谧的水流、湿地和沙地。"

为了确定一条环境廊道的具体位置和相关的景观价值，刘易斯创建了一种景观分析方法，涉及了220种环境价值，每一种价值的符号都可以放置于一张区域底图中以便于进行研究。对于海拔较高的中西部来说，这些符号代表了自然和人工的水资源价值，比如瀑布和水库、各种各样的湿地；地形学价值，比如独特的冰川遗址或者自然游径；重要的植被，比如未开垦的荒地；历史和文化资源，比如旧矿山、美术博物馆，甚至是餐厅；考古价值，比如印第安公墓；野生动物和野禽；最后的一种分类叫"空间视觉质量"（the visual quality space），提供了一种记录杰出景观的审美价值的方式。

刘易斯发现，当这些代表了220种价值的符号被应用到区域地图中的时候，它们将自身放置于自然廊道沿线的线性空间之中。刘易斯写道，"大多数价值和特征都蕴藏在互相连接的水、湿地和陡峭的地形中，这个比例占到12.5%或者更多。"这些发现与麦克哈格的思想相似——虽然他们应用的是不尽相同的方法。

所以，我们应该在绿道历史发展进程中给予刘易斯和麦克哈格一席之地。在目前任何绿道项目中没有反映出他俩的重要贡献是难以想象的，因为他们的学生都直接或者间接地工作在绿道建设的一线。

倒数第二个时间点要归属于"绿道"（greenway）这一术语的发明者。我所能找到的最早提及这一术语的人是威廉·H·怀特（William H. Whyte）。1959 年，城市土地学会（Urban Land Institute）出版了他的专题论著《保护美国城市的开放空间》（Securing Open Space for Urban America）。"绿道"这一术语源于埃德蒙德·培根（Edmund Bacon）著作中的讨论内容，他计划编制一个位于费城西北部的未开发半农业区域的绿道网络规划。怀特形容这一规划将"在开发者抵达之前，放弃原有的开放空间格局，按照惯例向开发者征用一部分土地作为公共用途是远远不够的；经常的情况是，开发者会将 3%、4% 或者 5% 的难以利用的土地贡献出来。规划者（比如，培根）设想过这样一个新的方案：摒弃原有的整个街道格局，以此提供整合的邻里单元，并在其中建立'绿道'、公园"。因此，要为培根提供一个时间点，暂定他为"绿道"术语的创造者。

事实上，怀特在他有关开放空间的许多书籍和论文中都提到绿道。在《集群开发》（Cluster Development，1964）一书中，一本由美国保护协会（American Conservation Association）出版的图表式书籍，作者描述了卡尔·贝尔瑟（Karl Belser）于 1961 年提议的一个位于加利福尼亚州圣克拉拉县（Santa Clara County）的绿道规划。这项规划将创造一个以溪流为基础的绿道系统，以及以其他公路设施为基础的绿道。在 20 世纪 60 年代后期，俄勒冈州、科罗拉多州以及北卡罗来纳州都提议建设绿道。在城市建设迅速发展的时期（1955—1965 年），出现了很多公园道和绿带——这些项目本质上都属于绿道。人们继续使用这些术语，有时会因为不是所有公园道都包括一条道路而有所混淆。事实上，极少数绿带是具有控制城市蔓延功能的农业土地，它们仅仅是一些简单的线性开放空间。但是，自从 20 世纪 70 年代以来，"绿道"成为颇受偏爱的专业术语。这一点，我们应该感谢威廉·H·怀特，他不仅仅把这一术语介绍给大众，同时还对这一术语进行了相应的推广。读者应该阅览一下由道布尔迪出版公司（Double day）出版的怀特的《最后的景观》（The Last Landscape，1968），其中有一章叫作"连接"（Linkage）。这是对于绿道理念有用而激励式的探索。正如他所写，"目前，存在着各种各样的可能，将彼此分割的开放空间连接在一起，同时也需要耗费大量的资金，创造力可以解决很多问题。我们的大都市区域与连接型带状土地交叉地联系在一起。很多土地都已荒废……但是，只要我们愿意的话，它们都有利用的价值。"因此，最后，要为威廉·H·怀特在绿道发展史上留下一笔。

以上的内容主要是关于绿道理念的起源，这些概念已经流传了 125 年以上。在以下的章节，我们会了解到绿道运动是如何在这些概念的基础上发展起来的，以及该运动是如何通过各种各样的方式得以体现——从城市河岸重建项目到乡村游径，再到大型绿道网络。在这些项目中，我相信读者能够进一步理解奥姆斯特德、霍华德、麦凯、刘易斯和怀特等人的贡献。我们有必要了解他们的作品，因为如果不了解绿道运动的起源，将无法了解它未来的发展方向。

# 第 2 章

# 绿道运动

当一项工作完成的时候，到底谁是完成者？谁进行了观测？谁进行思考？谁感受到了克服困难的动力所在？当然不是社会环境，因为某个团队并不是有机组织，仅仅是一个无意识的组织。社会中的事情都是由个人来完成的。

——奥尔德斯·赫胥黎（Aldous Huxley，生物学家）

这是一项关于人和个体的运动。鉴于此，在陷入任何技术细节之前，最好首先与一些参加了数百个绿道项目（每年都会在全国的城市和乡镇开展）的人进行沟通，探究他们的目的。他们大部分是与众不同、智慧、宽容、忠诚的。正如我在本书中所提到的，在绿道项目中总有一些东西吸引了不同类型的城市领导者。

以海湾环道（Bay Circuit）的规划者莱斯利·朗查诺克（Leslie Luchonok）为例，他设计了这条环绕波士顿大都市区的 100 英里的绿道。莱斯利是一位略显秃顶的中年男子，与他的妻子和女儿住在波士顿郊区。20 世纪 70 年代早期，作为乔治敦大学（Georgetown University）的全优生，莱斯利在大学二年级时决定放弃学业，加入了苏格兰（Scotland）的芬德霍恩社区（Findhorn Community），一个反主流文化的基于生物动力的园艺圣地（biodynamic gardening），特点是封闭式的生活以及"紧密的联系"。他在芬德霍恩社区还学习到了其他技能，包括按摩手艺等，事实上，莱斯利决定将他的手艺带到欧洲，将他的治愈艺术教给其他人。从一个温泉疗养地到另外一个疗养地，他对古老欧洲的文化景观开始着迷，但是，在美国，这种具有代表性的景观未出现在除新英格兰以外的地区。三年之后，莱斯利带着一项使命回到家乡。他参加了拉特格斯（Rutgers）的规划项目，并获得了荣誉，又来到了波士顿（Boston），并成为了海湾环道（Bay Circuit）项目成员。在那里，这位口才好、有思想和富有激情的年轻人为项目提供了很大帮助——克服了很多困难——创造了长达 100 英里的环绕整座城市的带状文化景观。关于该项目的介绍，参见第 9 章。

在佛罗里达州，有位建筑商人叫查克·米切尔（Chuck Mitchell）。他曾是代码检查员（code inspector），被誉为"来自塔拉哈希的疯狂承建商"（mad dog builder of Tallahassee），原因在于他曾参与了例如节能、趣味设计等非传统式的实践活动，在对场地未肆无忌惮地毁坏的前提下建造了尽可能多的房屋。根据第九章中所收录的另一个项目的描述，该公司叫作疯狂建筑公司（Mad Dog Construction Company），现在是北佛罗里达州最大的一家公司。一位在一家私人精神病医院工作的护士是他的好朋友，她曾经向其中一位病人描述了疯狂建筑公司，然后将病人所作的画寄给米切尔。病人的画上，一只 20 条腿的狗拉着一个带着轮子的情人节之心。米切尔对此画十分着迷，他时常用此画进行商业宣传。一天，米切尔和他供职的阿巴拉契亚土地保护协会（Appalachee Land Conservancy）决定拯救塔拉哈西那条美丽而具有历史意义的林冠道路（Canopy Road）——这条路脏乱且古老，16 世纪中叶，埃尔南多·德·索托（Hernando de Soto——16 世纪末首次从陆路发现佛罗里达的西班牙探险家——译者注）可能在这里血战过。最后，项目得以顺利完成。同时，米切尔获得了国家公园管理局的嘉奖，获奖原因是他阻止了场地的建设工作，保护了埃尔南多时期的建筑遗址。考古学者认为这是欧洲人在美国的第一座永久性社区建筑。

在纽约州的波基普西市（Poughkeepsie，New York），一位来自德国汉诺威（Hanover，Germany）附近村庄的、饱受战争蹂躏的逃难者，为美国最雄心勃勃的绿道项目——哈得孙河绿道（Hudson River Valley Greenway）项目奠定了良好的智力基础和公民支持。童年的克拉拉·索尔（Klara Sauer）曾为了避难蜷缩在沙坑中度过了许多夜晚，以逃避因英国炮兵作出的错误判断而轰炸她所居住的村庄——而不是按原计划轰炸附近的军工厂。战争之后，村子里缺少工作岗位，她的爸爸把他们几个兄弟姐妹带到加拿大。之后，由于战后的德国难以提供继续受教育的机会，同时她还必须通过工作以供养整个家庭，因此 21 岁的克拉拉在接受完 8 年的教育之后，来到了美国。结婚生子之后，克拉拉决定继续接受教育。她通过了高中学历考试，在一所当地的社区学院注册。在社区学院她的成绩非常出色，因此被推荐去申请瓦萨学院（Vassar），该学院对于那些希望完成大学教育的成年女性感兴趣。几个月来，克拉拉经常打开邮箱，但是没有收到任何回复。最终，她抱着听天由命的态度拨通了电话，但是发现该学校根本就没有收到她的申请。在规定截止日期的前一天，克拉拉迅速填好了一个表格，几周之内，她被录取到了低年级，并获得了相应的奖学金。那时，她 34 岁。现在，已经获得了城市研究（urban studies）学士学位和硕士学位的克拉拉成为了哈得孙景观有限公司（Scenic Hudson，Inc.）的首席执行官，并决定在哈得孙山谷（Hudson Valley）建设绿道。"美国给予我太多。"她口音不重，话语中没有流露出任何因自己的付出而引以自傲的语气。

这就是绿道人。此后，绿道运动甚至成为一种时尚，参与此运动的有历史学家，经济学家，生态学家以及人类学家；此外，还包括出版人员以及营销人员，记者，律师以及主要的政府官员、音乐家、作家、艺术家还有很多提供间接帮助的支持者们。

绿道理念如何能够吸引如此众多的人员？我认为，部分原因在于我们的大都市区——很多绿道项目所在区域——过于混乱。

在城市中，无家可归、犯罪以及自然的衰败以惊人的速度发展。毒品和绝望的社会反常状态持续存在。10—15 年前，夏季的公园露宿者以及冬季的壁炉寄宿者只是出现在城镇中心的购物区和办公区，但如今，这种现象遍布各个地方，尤其是在小城镇。在工业地区，经济性的外向迁移使得很多滨水河岸被荒废。很多曾经盛极一时的工业建筑开始破损，现在每个窗户都坏掉了，遗落在废弃的铁路轨道上。河岸散发出来自城市废弃液体的臭气，而这些液体本该从排水沟流走。

尽管飞地拥有特权，但是一些古老城郊区的境况也好不到哪里去。甚至于在那些人口密度高的地区更加受到困扰，周围到处是交通阻塞，上下班的交通流都堵在这些地区，汽车一辆接一辆，从一个遥远的郊区到另一个郊区。铁路沿线以及电车线路终点站附近的小城镇由于无差异化的开发，几乎是千城一面。居民住户们呼吸着来往车辆排放的尾气，环境污染严重。眼下，一块空地的价格要高出 15 年前房子和土地总价的 3 到 4 或 5 倍。

与此同时，大都市区的乡村并不是真正的乡村。从前的乡村区域变成了外城，衍生了很多机动车代理商（机动车比一些住房花费还要高），此外，还有不必要的住房和公寓开发、大型购物中心广场以及办公建筑（部分价格飙升）、每家代理商都建有的汽车修理厂、玻璃窗林立的商业中心，以及连锁商店仓库。在美国，每一年就有300万英亩的土地这样地被消耗掉了。而在郊区之间以及之外，玉米地和农场则由毁坏的道路围绕，这些极为恶劣的商业带状用地从一个大城市的边缘蔓延到另一个城市的边缘。

在这一环境中，市民建造绿道的热情不断高涨。正如本书引言中所介绍的那样，绿道本身并不能解决城镇荒芜、郊区交通拥堵、不合理的郊区开发以及乡村道路毁坏等问题。但是这些环境和社会问题，确确实实已经形成。如果没有鼓励人心的作用，那么开展具有创新性的土地保护运动就是一个新生事物了。开发一种完全新型的基础设施——即绿道系统，可能是第二次世界大战后涌现出来的最重要的一场市民自发式的改革运动。这些绿道系统沿着河流、风景和历史路线，穿过山脊线，越过废弃的铁道，并顾及到各种需要关注的生命质量。

尽管建设绿道被视为治疗我们城市顽疾的良药，但那些建设者们并不希望我们在书中赞扬他们的工作。他们用行动表明，这些行动是实实在在的，他们的绿道能够迅速为所在的城市、郊区以及乡村区域带来社会、环境和经济效益。比如：

——绿道确实能够为那些对步行、慢跑、骑自行车以及远足感兴趣的人们提供城市内的游憩机会。丹佛的普拉特河绿道（Platte River Greenway）穿过了富裕和贫穷的社区，是该城市最受欢迎的游憩设施。

——绿道提供自然进程中重要的生态功能（尤其是在河道沿岸）。使自然进程以一种自然状态存在而不是被钢筋水泥所毁坏。此外，绿道提供野生动植物廊道——事实上，它们能够将这些生物引入城市中心区。比如那些小狐狸，经常于夜间沿着图森泄洪道静悄悄地穿过豆科灌木树丛。

——绿道甚至能够减少公共成本或者为地方盈利，有时候两者兼具。对于市政部门来说，减少破坏性开发以缩减开支是一项重要的责任。绿道常常通过吸引新的开发活动，提供新的工作岗位和税收来创造收入。事实上，在田纳西州查塔努加的河滨公园（Riverpark Chattanooga, Tennessee）完全遵循了上述原则。未来，可能还会有7500万美元的公共/私人投资投入到绿道沿线的重建项目中来。

绿道运动尤其使人着迷的是——这点使它与过去的土地保护运动有所不同——它的蓬勃发展不仅仅是因为经济资源可以产生上述的各种效益，反之，有时经济资源却是无法产生上述的各种效益的。请允许我在下文对此进行解释。

20年前，土地保护的竞争叫做"开放空间的竞争"（the race for open space），这一竞争在开发者和保护者之间展开，竞争的主题是大都市边缘开放空间的大片土地遗留问题。未开发土地迅速减少，原因在于第二次世界大战后的开发热潮，很多土地所有者——包括农民、牧场主以及类似的土地所有者——仅仅是出卖土地而不是将他们的财产留给子孙后代。正因为这一点，失控的人口增长在大都市边缘的乡村地区的山谷出现了。200多间房屋，甚至于50多间房屋的开发都能彻底的毁灭乡村周围的环境，更为严重的是，甚至可以预料到由于提供市政服务，很可能导致地方税的增加。开发民用住房的房产商不太可能为市政道路建设掏钱。在婴儿潮时期，平均每个家庭有 3.2 个学龄儿童，这使得公共教育成为重要的开支——比将返还给社区的财产税还要多。同时，也增加了防火、治安、垃圾清理、下水道治理、道路维护以及新居民的其他服务需求的成本。

被激怒的韦斯特切斯特县（Westchester County, outside New York City）的规划负责人抱怨道："保护并不等于避孕法。"他对于 20 世纪 60 年代纷至沓来的需求——购买农场和地产作为县域公园或者保护区来阻止开发的做法感到十分困惑。当然，这只是困惑而已。所以，开放空间主义者（包括这位负责人）获得了资助，并筹集资金开始购买大块土地（或者与土地所有者进行商讨，将土地作为自然避难所），这些土地被开放空间主义者们视为对抗推土机的卫士。现如今，我们所建成的布局模式在城市区域随处可见：绿色植物成团紧簇地、或大或小地飘浮在郊区街道上。

最后，一些人开始希望了解这一方法的效益。这些植物可能只是随机地组合到一起，与自然过程和社会需求都没有太大的关系。事实上，在过去，很多用于开放空间保护的公共基金和半公共善款，都使得住在城市住宅区的富人获得了很多利益。在内城或者年代久远的郊区，除了少量的袖珍公园之外，很少会有新获得的开放空间土地。在土地保护者们看来，他们与精英承担同样的责任，事后的认识可能更为准确。当然，环境保护主义者们为了他们的战略而争论不休：人们在所在地拥有公园成为一种奢望，而能够建立公园的地区往往又是荒无人烟之地。然而，这种精英主义（elitism charge）往往具有政治毁灭性。在反对者的描述中，土地保护已经不再是一项必要的公共措施，而只是对于特权的不必要关注。作为芝加哥南部某贫民区的代表，一位来自伊利诺伊州的黑人立法委员提出："开放空间几乎没有关注下层民众。"

因此，在 20 世纪 70 年代中期，老式的开放空间运动告一段落。由于越南（Vietnam）战争的关系，资金十分短缺。内政部声称已允诺的土地购买和游憩开发方面的欠款约 40 亿美元。为了对抗通货膨胀，卡特总统大大减少了内政部用于土地和水资源保护的资助资金。住房和城市开发部的开放空间资助项目于 1960 年创立，这一项目是市政综合补助款（block-grant）项目——一项源于尼克松政府（Nixon administration）的项目，已经消失很长一段时间了。分别位于三个城市的国家级游憩区域（分别位于纽约，旧金山和俄亥俄州的克利夫兰-阿克伦；New York, San Francisco, and Cleveland-Akron, Ohio）建立起来之后，由于需要收购太多的城市开放空间，国家公园管理局（National Park Service）趋于破产。里根政府（Reagan administration）利用权力进一步削减了一些项目，尤其是在州和地方层面的住房项目有着更高的优先权，该项目甚至高于土地保护。一些政府很难处理这一问题。在加利福尼亚州，反对派的第 13 号提议已经削减了当地政府增加税收用以补偿联邦政府所废除项目的权力。公园都关闭了，因为图书馆和学校以及很多其他场所已经提供了休闲设施，并提高了生活质量。

1982—1983 年，自 20 世纪 30 年代以来的最糟糕的经济危机到来了。如果土地保护者提出使用公共资金购买大块开放空间以保护环境的任何要求，那么此时是绝好的时机（it was now utterly dashed）。几年之后，由于税制改革条款限定了捐赠土地的可抵扣程度或购买土地的资金，甚至是私人资金都被削减了，同时，土地价格飞涨。尽管近年来一些州已经通过了开放空间可减免税收（比如加利福尼亚州和新泽西州，California and New Jersey），但总体来说，目前的公共基金只相当于 20 年前用于购买开放空间的一小部分。葛兰姆法案（Gramm-Rudman-Hollings Act）严格限制的国家赤字数已经向大多数自然资源保护主义者表明，那些想从联邦政府获得开放空间资金资助的兴盛年代一去不复返了。

而绿道运动正是从这些灰烬中获得重生。

事实表明不良风气不会给任何人带来好作用，尤其是在绿道项目中。事实上，绿道行动得以盛行的原因在于用于保护开放空间的资金缺乏——极为缺乏。这使得保护主义者将目光投向了固定的、以环境价值为基础的土地资源上，而不是那些仅仅在当地具有重要意义的土地上。一项有益的结果是代表各方利益的市民领导者被绿道运动所吸引，相比之下，20 世纪 60 年代的开放空间者则多为居住在郊区的中产阶级，且多为白种人。以往，环境保护主义者们主要与那些昂贵且只促使一小部分人获益的土地打交道，而上文提到的这一新型领导者带来的启示则是，这些环保主义者们应该利用一个社区的线性公用地（Linear Commons），花费更少的资金（甚至不花费资金）来获得土地，且能够使更多的人受益。

历史上，公用土地指的是新英格兰城镇中心的一处公共绿地，在那里可以放牧牲畜。在更早的时候，是指位于盎格鲁－撒克逊人（Anglo-Saxon）开放村庄几浪（furlong：长度单位。1 浪 = 660 英尺——编者注）的一处荒地。但是，在如今的美国大都市，还有各种各样的公用土地，已经表明了公共利益是占优势的。比如，溪流和河流沿岸的土地，历史上曾限制作为公共运输水路利用这类公共通道的权利，以及关于其他资源需求的权利。如今，社区已经能够在洪水事件中通过对滨河土地利用更大程度的控制而实现自我保护。如果水资源属于公共范畴，那么毫无疑问地，堤岸也具有同样重要的公共意义。

在山脊沿线也能够发现这类线性公用土地，原因在于它们区分着分水岭，以及控制着其分隔的山谷定居点的主要视域范围，这些土地往往已经属于公用或准公用。另一种公用土地资源是废弃铁路或者运河的通行权。这些土地由于多年被用于公共运输，因此能够以完整公共路线的方式得以保存，其使用者从火车和驳船乘客改为步行者和自行车运动者。道路旁的土地具有历史或者风景价值，它们作为公共景观，保持了社区自身的特色。尽管这些土地的所有权可能归私人所有，但是使用和保护中的公共利益往往被大众所了解。

这些线性公用地具有一些有趣的特点。它们几乎体现一个地区的地形特征：溪流水道，山脊线，运输廊道。它们往往不适宜用作能够带来极大的私人经济价值的土地利用类型；由于形状的原因——又长又窄，它们无法为开发商提供其所想要的能够建造购物中心、居住区、物流配送中心、办公室和工业中心的大块土地。此外，在很多情况下，线性公有土地由社区进行严格管理，以避免特定类型的线性土地被随意使用：在河流沿岸的洪泛平原区的建设活动，破坏山脊和风景道路沿线视觉美观的活动（aesthetically inspired restraints）。在城市水岸或者铁路轨道沿线，一般限制重工业开发活动，这意味着土地闲置或者利用度较低，比如，作为原料存储场地。近年来，新工业的选址倾向于选择州际交界区，机场附近等，很少选择在古老的铁路和滨水交通路线处。

线性公用地还有一个特点，大多数较为完整，并未分段。尽管自 20 世纪 50 年代至今，城市发展迅速，但是新的开发活动往往跨过这些线性土地资源，原因在于它们位于经济吸引力不强的地区，或者在地形上不适于进行建筑工程和某些开发活动。

因此，这种良好的绿色土地资源向环保主义者们展示出了其被忽略的优势——大都市的线性公用地易于转化为绿道。

现在，由于绿道是可以承担起保护土地这一责任的，因此没有人可以轻易地下结论，说绿道建设作为一种土地保护战略，还不及早期强调用于保护大都市郊区的大块的、不连续的开放空间土地来得有效。事实上，在某些方面，可能更"实惠"些，因为开放空间保护仅限于独立的一块土地，而绿道项目则具有两项较为突出但却并未为人们所意识到的特点。一是"边界"，二是"连线"。

边界效应往往不可思议。对大多数人来说，大多数开放空间的最大效用并不是以它的面积而是以边界来估量：也就是，当你沿着街道散步或骑车，或者当你穿过一条道路时所看见的一切事物。从边界看，一个 1 英里宽的森林公园看起来就像一个 200 英尺宽的公园。因此，很清楚的一点是，与一片组合的土地相比，一条既长又狭窄的绿道能够在每英亩上提供更多的开放空间。请允许我对边界效益的经济意义进行阐述。

我们以一座方圆 100 英亩的圆形公园为例。这个实体的半径有 1177.8 英尺，而周长则是 2 倍的半径乘以圆周率，因此它的周长为 7396.7 英尺。

现在，我们将这个公园视为一条约 1 平方英亩宽的狭长绿地带——实际上，则是将一英亩的地块紧邻着另一块地块，铺设成一条直线。为了确定面积为 100 英亩地块的边缘总长度，将每 1 英亩面积的地块数乘以宽度，再乘以 2——因为每块地都有两个条状边缘。结果算得为 41800 英尺，这个现有的长窄型开放空间的边界线是同样面积的大型环状公园边界的 5.65 倍。这就是边界效应。将这个比率放置到粗放型经济概念中，花费在传统型组团状公园中每 1 美元的税款，只用支出 18 美分用于绿道，都可以得到同样的边界效应（假设每一英亩的价格相同）。

我们不必对这一计算过于较真，认为一场运动之后就开始将所有的大型公园卖掉进而购买土地来建造绿道，或者放弃收购大块的自然或历史保护土地的机会。大多数大型遗产都是无价之宝，拥有它们则是一件极为幸运之事。但是，保护公有线性土地资源以建设绿道的理念，往往容易受到经济因素的影响——产生的原因就是边界效应。

绿道第二大优势就是连接作用。20 世纪 60 年代及 70 年代初，很多私人公园和自然避难所往往被线性公用地所切断——包括溪谷，开放空间的山脊，以及废弃的运输道路。绿道的作用在于通过将不同的地方串联起来，增加现有公园的功能效用——包括生态效用、游憩效用和审美效用。这一观念较为古老。过去的公园规划者经常钟情于这种廊道，但是由于第二次世界大战之后打击推土机以保护开放空间的热情（in the postwar fervor to beat the bulldozer to those choice hunks of open space）有所增加，使得连接被忽视了。如今，当连接作用重新获得人们的认识之后，连线作用的潜在价值极大地刺激了环保主义者们，且甚于绿道的其他作用。当公园和保护区连接起来之后的好处之一是，将会产生生态学家所称谓的物种交换——这是生物多样性和生态稳定性的必要条件。野生动植物沿自然廊道的移动对于一些物种的存活极为重要，尤其对食物链中的高级物种更为重要。如果野生动植物的活动被限制于一个独立的自然保护区——即使是大型保护区，类似于狐狸或者猫头鹰等物种可能都成为了孤立物种，甚至于濒临灭绝。

而且，沿自然或人工廊道的线性公园有着极为重要的游憩优势。比如，在俄勒冈的波特兰（Portland，Oregon），一条环绕城市长达 140 英里的绿道连接了 30 个公园和保护区，实际上提高了社区的总体效益。几乎每个人都能够通过区域间长距离的连线进入其中。美国户外运动协会的报告（Americans Outdoors）——1987 年美国总统委员会关于美国户外运动的报告——的作者曾写道"想象一下，走出你的大门，骑上自行车、马匹或游径自行车，或者只是简单背上背包，几分钟之内，沿着连续的游憩廊道网络出发，穿过乡村地区。"

报告的作者们往往天马行空，以散文的形式撰写文字，但是他们对于贯穿美国的绿道网络的设想还是引起了很多记者和作家（包括我）的想象。绿道网络也是美国总统委员会的关键提案之一。尽管自 20 世纪 60 年代以来，现代绿道运动的发展日渐显著（它们的祖先已经在一个世纪前就出现了），但从许多方面来说，将海岸之间的绿道连接起来的理念更适用于那些国土较为分散的国家。报告以国家范围的绿道系统以及随之产生的公共宣传为重点，这两项内容对于绿道运动具有重要的关联效益。

实际上，如果不考虑国家绿道系统的发展前景，连线传递着极具象征意义的信息——绿道运动的哲学意义。这个系统的隐喻含义将比教条的政策能够发挥更为重要的作用。关键在于这项运动不仅仅是环保主义者聚集在一起而发动的类似项目，而是一群各异的政府领导者虔诚地相信连线对于游憩和文化资源，对于野生动植物种群，更重要的是对于居民以及城镇中所有肤色和各行各业的人们都具有重要意义：不仅仅包括绿道使用的意义，同时也包括绿道建设的意义。

当你更进一步阅读本书，你会发现建设一条绿道基本上等同于建设一个社区。然而，首先需要明白这项运动到底包括哪些内容。

# 第 3 章

## 绿道世界：第一部分

### 绿道之父

**重要地区绿道，罗利，北卡罗来纳州**（Raleigh，North Carolina）

重要地区绿道被认为是美国最早的综合性的地方性绿道系统，但是重要地区绿道规划的提出，既不是来自在主要城市设有办事处的著名顾问团队，也不是来自综合规划领域的权威专家，甚至不是来自一个规划专家团队。这一规划出自北卡罗来纳州州立大学一位 25 岁的毕业生，专业学习要求他进行毕业论文设计。他对自己居住的城市——罗利——感情深厚，这个城市处处充满绿色，伴随他度过成长时光。他相信一点，即在城市扩张的同时，自然环境的功能也不应该被替代。

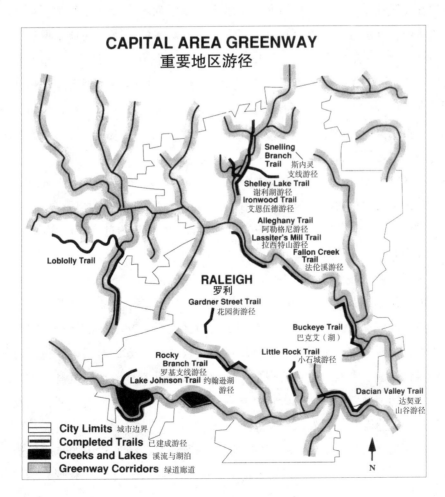

这名学生——比尔·弗卢努瓦（Bill Flournoy）被称为"罗利绿道之父"（father of the Raleigh Greenways）。在 1970 年，他按照学位论文的要求进行规划，这一规划不仅仅是一个孤立的沿溪公园而是连接所有相邻城市的绿道网络。罗利的绿道理念并不起源于弗卢努瓦。20 世纪 50 年代，已有人提出了线性公园的理念；1969 年，该理念在一个游憩规划中再一次被重提，实际上使用了术语"绿道"，这在北卡罗来纳州还是第一次。这一规划叫做"罗利：怀抱城市的公园"（Raleigh：The Park with a City in it），由弗兰克·伊文（Frank Evans）主持——他后来成为罗利公园和游憩部门的领导。规划中的很多内容最终都得以执行，弗卢努瓦所做的就是通过撰写报告（他自己称之为 100 页的意识型建筑）阐述绿道是如何产生的。实际上，这个报告是一部阐述绿道特点的杰作，成为绿道建设者必读的一部非正式经典作品。它阐述了如何利用洪泛区，如何获得地役权，以及在哪儿建设绿道。最重要的是，它为政治家和市民大众提供了进行绿道建设的理由——包括绿道的社会，经济，环境和审美价值，十分有说服力。

弗卢努瓦还声明，其中所涉及的基础概念是"线性开放空间比传统的组合公园具有更长的边缘线。这一边缘线将用于缓解相互矛盾的土地利用行为并使得城市景观变得柔和"。他还提到，像罗利这样的边缘系统的好处是能够起到类似于集水器的作用。"线性开放空间能够将传统的公园和其他活动中心——比如学校和购物中心——连接起来。在这些场所之中，可以安排一些与传统的公园活动不尽相同的游憩活动，比如慢跑，散步，骑自行车，划独木舟。而与溪流相关时，也要建立线性系统，开放空间允许洪水自动排泄而不会毁坏建筑物，且不会破坏当地的经济和个人生命。环境方面，线性开放空间作为溪流沿岸的植草缓冲地带保护了水资源以及脆弱的自然生态系统，如湿地。更进一步来说，植被的保护使得城市环境总体质量得以提升——通过空气质量，温度以及噪声降解等方面。最终，这些区域作为野生动植物廊道发挥着相应的作用，允许更多的物种通过并存活于城市区域。"这些益处都在罗利较为完整地体现出来。在罗利，绿道蜿蜒穿过山麓之下茂密的树林，沿着河流、小溪、水路、岔路等那些塑造了城市形状的一连串水道而分布。

1974 年，随着一个严格的漫滩保护条例（flood plain protection ordinance）的出台，弗卢努瓦的综合性溪流绿道项目得以启动。这是因为在破坏性的洪水灾害出现之后，城市政府领导者意识到必须禁止在洪泛区进行住宅和商业开发。洪水导致平均每年超过 100 万美元的损失，这一点无疑促使住宅和商业开发转移到了城市周围的乡村地区。

多亏了公民群体和环境组织的支持——特别是谢拉俱乐部（Sierra Club），在之后的 15 年里，沿泛洪区而建的小道长达 27 英里。在此期间，城市政府的重组有助于鼓励绿道的建设行动，地方政府成员是在本地区进行选举而不是在大地区选举，这项举措增加了市政局中市民的力量，而市民恰恰需要绿道。鉴于此，绿道廊道地役权的获取方式有很多，包括对住宅建筑商捐献土地的强制性要求、土地所有者的捐赠、土地购买，或者将一条绿道搭载于污水管道通行权之上。游径大多铺柏油路面，使用者包括慢跑者，自行车运动者，野餐者，以及喜欢驾车绕过拥堵路段转而路过静谧森林的人们。

弗卢努瓦提到的绿道益处被越来越多的罗利市民所认知，绿道建设的步伐经历了此前较为平缓的阶段之后，自 20 世纪 80 年代以后就越来越快了。在 2000 年，罗利现有的绿道规划者希望绿道开发路段的长度达到 200 英里。

　　作为一种理念，重要地区绿道成为了超过 35 个地方绿道系统的典型模仿案例，这些地方绿道系统主要位于北卡的一些其他城市，或者穿过东南部的一些不知名地区，以及整个美国地区。弗卢努瓦，现如今已经成为环境、健康和自然资源部门的州级官员，作为三角地保护基金会（Triangle Land Conservancy）和三角绿道委员会（Triangle Greenway Council）的负责人，他继续从事绿道运动的相关事宜。三角绿道委员会的目标在于将被研究的城市罗利（Raleigh）、达勒姆（Durham）以及查珀尔希尔（Chapel Hill）连接成为一个区域系统。所有的这些均来自一个论文（形式的）绿道规划，罗利市花费了约 1500 美元。这一规划的价值难以估计，原因在于它不仅仅帮助了这一座城市，还帮助了其他较小的城市——这些城市派遣规划者们到罗利，学习如何在自己的城市修建绿道。

　　弗卢努瓦反对自我吹捧，因此很多学生都没有意识到他的工作有多么的重要。但这就是他一贯的风格。就像他自己说的，"如果你不要名誉的话，你可以随自己的心愿来做事情。"也许道理是正确的，但是美国环保主义者应该颁发给这位景观建筑师一枚勋章。毫无疑问，如果没有他，现代的绿道运动不会发展得如此之快。

## 不仅仅是一条普通的道路

### 遗产游径，迪比克，艾奥瓦州（Dubuque County, Iowa）

　　不管是好是坏，19 世纪初期的铁路，改变了美国的大部分牧场——所有的高草牧场以及大部分的矮草牧场。铁路干线和支线使得已有城镇的居民开始搬迁到新的地方，建设新的城镇，并使得县与县之间互相连接起来，并将沿着密西西比河及其支流廊道的南北走向的贸易通道改变为东西走向（同时也是因为政治原因）——这条横贯大陆的新的经济增长轴线由铁路支撑而非水路。几十年的时间内，水牛几近灭绝，印第安人被赶出原住地，牧场草地被野牛啃噬，铁犁开垦出了美国的中心地带——世界上最富裕的农业区。

　　依旧是这片世界上最富饶的农业区，但是铁路钢轨设施以及道路使用权使得它不再繁荣。载着货物的车辆驶过州际高速公路，汽车和飞机载着那些曾靠铁路出行的旅客穿越中西部地区。20 世纪 60 年代初，所有的铁路公司迅速地放弃了它们的线路，全美国的公民领袖——尤其是如来自艾奥瓦等位于中部地区州的领袖们，都希望将无用的铁路通行权转变为新的公共用途，比如野生动植物栖息地或者休闲游径。他们希望拯救那些一开始就未受重视的土地廊道，在某个期间，他们甚至将防护栏拆掉以创造更多的农耕地。从飞速疾驰的列车向外看，铁路所穿越地区的景观是单调而枯燥的，是普普通通的，但是游径建设者们很清楚，再往远处走，徒步或骑自行车时，就会有很多田园风光呈现在眼前——古老的城镇及农场，溪流沿岸和森林，甚至还有原始的蒿草。他们也知道，在修复的铁轨上建立起来的休闲游径能够为乡村地区带来新的经济活力，并将那些被废弃铁路彼此分割的社区重新连接起来。

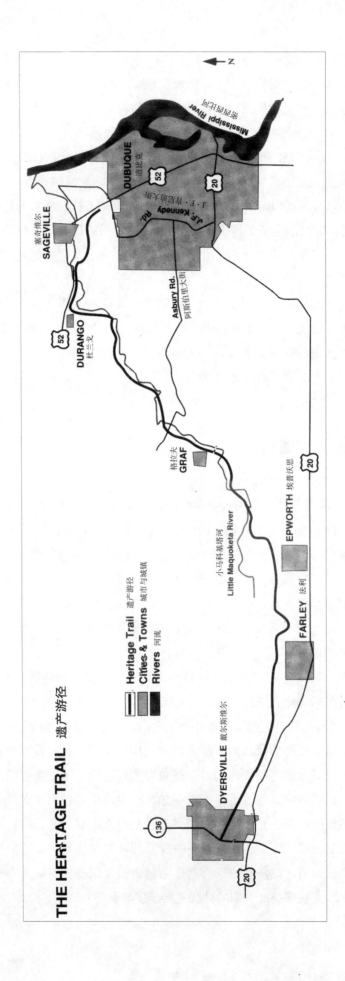

约 25 年前，将铁路改造为游径的运动刚刚起步，至今，已有 200 多个项目得以实施，很多改建后的铁路周围都变成了自然和文化相融合的区域。鉴于此，一个遗产游径的改造项目从艾奥瓦州东部那片包括峡谷和悬崖在内的无冰碛地区（Driftless Area，地质学词汇——译者注）一直向西延伸到长满须芒草（bluestem）的平原。正如艾奥瓦州立大学（University of Iowa）的作家帕特·努拉利（Pat Nunnally）所描述的那样，"遗产游径不是一条普通的跨越了艾奥瓦州牧场的带状土地。"

这确实不是普通的带状土地。从迪比克（Dubuque）东北部开始，向西旅行，徒步者和自行车运动者会遇到湿地，印第安公墓，1868 年的钢结构桥梁，林间野鸡筑巢穴场地，具有石灰岩陡峭悬崖的深邃山谷，铅矿产地杜兰戈（Durango）小镇，铁矿山，古代的马车道路遗址，大鱼塘——内有斑点叉尾鮰鱼以及大鲈鱼，一块宽如 4-8-4 型蒸汽机的磐石，石灰岩化石岩床（dolomite fossil beds）；草原干草的残余物以及牧草和草原玫瑰，19 世纪的谷磨坊，古生代地表（Paleozoic outcroppings），著名自然科学家 W·J·麦克吉（W. J. McGee）的出生地，蒿草牧场须芒草的残余物，橡树草原，装煤站、桥梁和废弃设施等能够彰显出此前平原地区贸易活动的文化遗址地。

遗产游径建立在直到 1956 年才停止运送旅客的芝加哥大西部铁路公司（Chicago Great Western Railroad，CGWR）中从芝加哥到圣保罗（St. Paul）的干线上，到了 1968 年，CGWR 将此铁路卖给了西北航空公司（Chicago and North Western，CNW），到了 1979 年，最后的一班货运火车驶过铁轨的时候，CNW 移掉了铁轨——怀俄明州和蒙大拿州的新煤矿地还对其进行重新利用——并希望卖掉通行权。

就在交易达成时，游径建设者们组建了一个非营利组织，即遗产游径公司（Heritage Trail, Inc.），在迪比克县保护委员会（Dubuque County Conservation Board）的资助下，致力于环保项目。保护委员会对此感兴趣，而县政府选举出来的督察官员们——也是保护委员会需要向其答辩的官员——对来自竞争对手的游径理念所产生的政治后果有所顾忌，这些政治对手往往行动较为迅速且过于夸张。僵局持续了两年，直到 1981 年，铁路正式废弃，问题得以彻底解决。一年之后，即 1982 年，县督察员举行了正式听证会，解决了由县保护委员会和遗产游径公司提出的铁路路权转变问题——即将其转变为远足和自行车游径。

游径组织最初认为行动将得以顺利进行。但是，当他们出席会议准备进行阐述的时候，他们惊奇地发现观众席上坐满了铁路路权沿线附近的居民，他们认为休闲游径将把迪比克的"犯罪问题"带到乡村地区。尽管很多人表现出来的行为是事不关己的，但却声称他们对铁路通行权具有继承的权利。此外，自从出现了侵入者和故意破坏铁路财产的行为之后，附近的邻居和他们的同盟都认为建设游径将使问题进一步恶化。很多游径周边的居民声称他们只需要采取一些控制钢轨底座土地被过度利用的措施。其他的，更严重者，声称在同意建设遗产游径之前将烧毁现有的桥梁——他们指的是那些跨越小马科基塔河（Little Maquoketa River）的木制栈桥，在这里，游径预计沿该线路蔓延 26 英里。最后，为了取消这一游径规划，极端主义者们认为需要建设一些重要的连线，以代替新桥梁建设项目。然后，这些土地就会归他们所有。

事实上，反对的声音确实威胁到了督察官员，他们提出进一步研究的建议，并最终拒绝了筹集资金的要求。但是公开的辩论也触及了广大民众的公共利益。这个失败的听证会登上了县内所有报纸的头条，反过来，这同时也使得遗产游径理念吸引了广大民众的注意。一位游径组织者后来说道，"尽管早期的公共宣传是负面的，但是很多人第一次听到游径时就乐于提供帮助。"

游径支持者所面临的最现实的问题就是资金。最初，铁路方面索要了40万美元——尽管在协商后变成了23.5万美元，但是督察人员对于之前糟糕的听证会做出了响应，没有提供任何大笔的资金来源。不过，铁路方面对于这种拖延感到不耐烦了，要求支付必须支付的24000美元并对其余的款项制定支付时间表。迪比克县保护委员会倾其预算，从其他游憩项目中拼凑出16万美元，这已是最大数了，但这还远未达到协商的价钱。为避免整个计划破产，以农业机械工程师道格·奇弗（Doug Cheever）为代表的遗产游径委员会的项目负责人们，每人各自掏了1000美元的腰包。此外，遗产游径公司获得了5万余美元的贷款，以确保能够买下整条游径廊道的通行权。所以，为整条游径拼凑资金的工作开始了。几年来，游径开发基金一直处于短缺状态，项目建设都是通过利用私人和政府基金才得以维系。

尽管道格和他的同事在坚持，但是反对者们仍旧很顽固。他们刻意制造更多的道路上的犯罪活动，而犯罪活动恰恰是他们反对项目建设的理由。纽那利（Nunnally）曾提到："很多次，游径项目看起来都要失败了。另外一座桥面临被毁的威胁（1986年，9座桥被毁，3座桥全部消失），资金来源没有着落，另外一项诉讼即将被提出。"但是，游径的建设从未中断过，一英里接着一英里，一部分接着另一部分地向前延伸着，直到1986年6月份——项目开始后的第五年，遗产游径正式完成。

道格曾说，这个项目得以成功，原因在于"绿道理念的时代到来了"，由于游径的支持者们得到县保护委员会的支持，以及由于非营利基金组织——遗产游径公司——进行了所有的规划、资金筹集以及建设活动，这个组织具有快速前进以获得最好结果的机动灵活性。

这条游径只是一条普通的带状土地么？不是的。今天，每年成千上万的远足者和自行车运动者都在使用这条游径。当他们穿越由桥梁大火导致的焦林，他们应该感谢那些富有远见的领导者——这些人在恐吓、威胁下依然能够坚守，并保护沿途的农牧土地和艾奥瓦州的历史遗迹，它们也是遗产游径的一部分。道格说："很多遗产游径委员会的成员都来自农场，尽管如今他们可能住在城镇里，但是他们也很清楚亲近土地对自己来说意味着什么。他们需要一个机会与他人分享'土地'的感觉，而游径恰恰提供了这样的机会。"

## 从分洪河道到绿道

**皮马县河流公园，图森，亚利桑那州**

发生于1983年的洪水终于将所有事情提上了日程，也使得控制洪水和绿道的关系摆在了图森市市民的面前，这也为市政工程师查尔斯·F·哈克比尔（Charles F. Huckelberry）提供了在该城市建设一个完整的线性公园系统的途径。尽管开始时行动是微不足道的，但却是备受鼓舞的。

　　东部地区的人们可能会认为像图森市一样的干旱贫瘠的西南部城市最大的问题是缺水。事实上，问题恰恰相反。最大的问题是太多的水来得过于迅猛。秋季的骤雨降落在难以渗透的沙漠山区——经过整个夏天，土地被烘烤得相当坚硬——很多水分轻易地就流走了，不为土壤所吸收，且完全没有受到植被的阻挡。如果一直下雨的话，无数流经山区峭壁的小溪会迅速变得充盈起来，然后汇在一起，越来越大的汇流不断加速，水量以几何级数倍增。

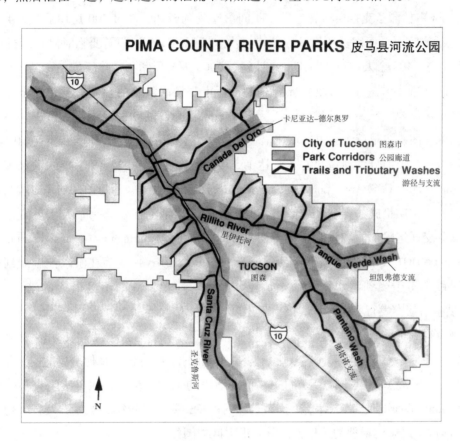

　　只不过几分钟之内，大量的水流咆哮而过，沿着峡谷，流入沙漠地层的分洪河道——汹涌的水流冲刷着棉白杨（cottonwood）、豆科灌木（mesquite bosques）、绿珊瑚（palo verde trees）以及沙漠灌木和花丛，这里原是野生动植物的天然花园。这些地方已经很多年不受洪水困扰了，甚至是几十年之久。但是，如果遇到了概率较小的百年一遇洪水，洪水会沿着分洪河道、天然花园奔流——这情景就像一辆脱缰奔逃的货运火车，载着土浆、巨石、拔起的树木以及灌木，河岸的房子，马匹，桥梁以及汽车，有时还会有人类的身影迅速消失。

　　图森市周围都是山脉，对于洪水极为敏感。尽管可以通过一定的防洪工程对洪水进行控制——基本就是挖掘一个永久性的水渠，使它具有足够的宽度和深度，用混凝土加以固定。但是这种方法只适用于小城镇——只是图森并不是这样的一座小城镇。在以经济增长为导向的富足的 20 世纪 60 年代，洪水蔓延到尚未开发的峡谷等地区，频发的洪灾导致经济损失和人间悲剧。最终，在 1972 年，图森市通过了一项严禁在洪泛区建设新建筑物的洪泛区法规，这一法规持续了 5 年左右。

接下来，洪水再次袭击了这个城市——不仅仅是一次洪水，而是 1977 年至 1983 年的一系列的洪水灾害，这是图森市民前所未见的。在 6 年间，皮马县（Pima County）的 4 次洪水被美国总统公开称之为联邦灾难。

1983 年的最后一次洪水是最严重的一次。9 月 29 日以来，暴雨连续袭击了亚利桑那州的南部地区，直到 10 月 2 日才结束。圣克鲁斯河（Santa Cruz River）及其支流遭遇了两倍于百年一遇洪水的洪水量，洪水涌入了图森的核心区域。联邦紧急事务管理局（Federal Emergency Management Agency）估测圣克鲁斯河谷地区 154 间房屋受到毁坏，超过 400 房屋受损；4 座桥梁被损毁，15 座桥梁需要全面修复，42 座桥梁由于洪水期间的安全问题需要临时停止运行；13 人丧生，221 人受伤，400 余人被军队救出，总计超过 6000 人需要紧急避难所。

结果，悲剧迫使图森市的市政领导们需要重新审视控制洪水的整套方案，对土地利用方式也需要进行特殊审视，比如通过建立洪泛区公园来阻止开发活动以及洪水灾害——而不是采取事后补救措施。图森市早就表示出在城市沿河建立线性公园的意愿，早在 20 世纪 70 年代初期，该市就已沿着圣克鲁斯分洪河道建立了长达 1.5 英里的市中心公园。1983 年的洪水灾害，促使美国陆军工程兵团（U. S. Army Corps of Engineer）为该市提供了一些帮助。陆军工程兵团提出了将保护堤岸作为预防措施的要求，这促使环保主义者提出了沿河建立一个大型环城公园系统的设想。皮马县交通运输部门和洪水控制部门（Pima County Department of Transportation and Flood Control District，DOT & FCD）的领导者哈克伯利（Huckelberry）认为在洪水控制规划中，获取那些河岸沿线，易于受到洪水侵害的土地应该是第一应急措施而不是最后的措施。他认为，1984 年防洪整治债券发行所得收益应该贡献出来用于获取土地。

这个观点得到赞同，但没有获得太多的资金。1984 年，皮马县选民赞成将 6400 万美元税收用于防洪整治，但只有 830 万美元专款用于购买河岸土地。哈克伯利将他筹集的资金用于购买里伊托河（Rillito River）及其支流沿岸的一些重要地段的土地。次年，他再次向皮马县监督委员会（Pima County Board of Supervisors）推销自己的观点，要求进行第二次债券发行，他认为应该"在短期时间内，以总体最低的价格收购重要洪灾区周围的土地。"

哈克伯利申请 4000 万美元，最终他只获得了一半。但这个数目还不算很糟糕，因为在当时，传统的洪水控制方式只不过是大面积地移动泥土并浇上混凝土，而不是购买土地。最能说服监督人员和投票者的是一项经济分析，即哈克伯利应用的结构性方法（structural approach）与非结构性方法（征用土地）之间的比较。在某个研究区域，位于圣克鲁斯河西部的一片房屋搬迁区易受洪水影响。按照 DOT & FCD 的估算，结构性洪水控制设施的费用约为 350 万美元，而购买土地和重新安置搬迁房屋的花费将少于 50 万美元，包括购买土地的成本，购买和改善另一块土地用于重新安置的费用以及将房屋搬迁到另一块场地的花费。在另外一个实例中，金溪（Brooks of Gold，Cañada or Oro）项目用于结构性洪水控制的花费约为 1240 万美元，而土地购买和受影响居民区重新安置费用则为 450 万美元。这明显是皮马县的监督官员所乐于看到的结果。

由于通过了 2000 万美元的债券，DOT & FCD 实行了一项政策，以获得重要河道附近另外的 55 英尺的通行权——通过购买、无偿捐献，以及强制性要求居住区或者商业开发区贡献出一部分开放空间。这为包括游径和游憩节点的线性公园系统的建设打下了基础。该公园将会修复洪水冲走的自然植被，而游憩景观区将使用本地的植物。1988 年，该部门开发了长达 3.5 英里沿分洪河道分布的线性公园——作为里伊托河项目的一部分，最终长度将达到 105 英里。当然，与此同时，民众对这类公园的需求也在不断增长。据 DOT & FCD 景观建筑师和规划师凯斯·奥利弗（Keith Oliver）说，里伊托河沿线的线性公园，已经成为皮马县最重要的公园之一。里伊托河沿线超过 15 英里的土地目前正处于规划阶段。

在这些绿道的规划过程中，DOT & FCD 与美国陆军工程兵团遵循水净化法案（Clean Water Act）第 404 章的规定，必须为所有位于通航水道的防洪减灾工程获得实施许可权（此处，通航在这里是个宽泛的概念，甚至包括那些图森市区里断断续续的大部分时间都处于干涸状态的河流）。此外，环境保护局（Environment Protection Agency）和美国鱼类与野生动物管理局（U. S. Fish and Wildlife Service，致力于保护作为野生动植物廊道的分洪河道）也参与其中，这也是遵循了水净化法案第 404 章的规定。

公民的支持使人印象深刻。在一份于 1988 年呈递给皮马县监督委员会的报告中，一个代表了公民声音的开放空间委员会赋予沙漠水道保护行动以最高优先权。委员会认为，水道同时提供了野生动物栖息地，自然美景，考古遗址（史前的部落都居住在自然梯田上），在干燥季节沿着河道远足、骑马的游憩机会，或者沿河散步、慢跑、骑自行车等。总之，委员会认为河流分洪河道以及水道系统成为了图森市"在社区开放空间系统中将城市区域和周围山区互相联系起来的重要连线"。如果没有采用哈克伯利所提倡的补救措施，很多自然区域将被简单的渠道化，以致部分被破坏。他的河流公园规划——尽管还处于酝酿阶段——有利于购买邻近水道的易受洪水侵害区域周围的土地，搬迁并安置抑制洪水破坏的任何设施。对于诸如凯斯·奥利弗等年轻规划者来说，他们设想沿着水道建立一个包括自然廊道和游憩公园的大型网络，在他们看来，实施规划的进程十分缓慢。关于里伊托河，奥利弗抱怨道："只有不到 60 英里的道路将被保留下来。购买易被洪水侵蚀地区土地的项目只能应用于那些开发活动较少的地区。被保留下来的地区非常美丽，但是河岸保护仍旧是重要的洪水控制战略。"

然而，奥利弗希望这个项目能够带来一些动力。当然，很容易对沿着沙漠河道而建立的河岸公园系统中的自然美景进行夸张的抒情赞美。这是土狼（coyotes）在夜间从山上下来突袭兔、野猪等小型动物的路线。在这里，跑步者避开了豆科灌木丛（mesquite bosques），蜂鸟匆忙来往于生长在沙漠的花丛中，红尾鹰和栗翅鹰（redtail and Harris hawks）在温热的气流中盘旋。地面上还有青蛙和蟾蜍——包括那些不寻常的锄足蟾，从卵长成蝌蚪，再逐渐成为成熟的个体，接下来，首次降雨提供了临时的水坑，继而提供了循环的生态环境，在水坑逐渐干燥并消失之前，锄足蟾完成生育和排卵。壁虎（gecko）藏在丝兰花（yucca）中，鞭尾蜥（whiptail）等很多种蜥蜴都落在仙人掌（cholla）上；此外，这里还有多达 19 种蛇——包括 4 种响尾蛇。所有的季节，野生动植物使这个地方充满了勃勃生机——包括钓钟柳（penstemon）、亚麻（flax）以及沙漠万寿菊（desert marigold）、马鞭草（verbena）和报春花（primrose）、金菊（aster）、鼠尾草（salvia）等。实际上它是一个自然的天堂。

河岸公园系统的保护动机比以往任何时候都更切合实际。同图森的居民一样，查尔斯·哈克伯利（Charles Huckleberry）对于沙漠的自然之美情有独钟。不过，他工程师式的"散文"更加具有说服力，在他的公园规划介绍中，他写道："通过土地购买活动使得洪水灾害得以减少，这是一种可持续且有效的洪水控制方法，这将帮助政府完成其确保公共安全的任务，并对促进社区内部游憩活动和开放空间目标的实现具有重要意义。"这不是诗歌，但是它将有利于将分洪河道变成绿道，并造福于后代具有重要作用。

## 远见之明

**雷丁城绿带，雷丁，康涅狄格州**（the Redding Greenbelts，Redding，Connecticut）

康涅狄格州的雷丁，是一片位于纽约大都会区城郊边缘的森林城镇，该城镇通常受到艺术家和摄影爱好者［爱德华·斯坦贞（Edward Steichen）］、作家［斯图尔特·蔡斯（Stuart Chase）］、音乐家［查尔斯·艾夫斯（Charles Ives）］、地产商［这些人往往出没于哥谭市（Gotham，纽约市别名——译者注）周围］，以及很多热爱自然的人们的喜爱。这项极具创意的遗产使得雷丁比其他外城地区——从人口预测的角度来说——更具有优势。在20世纪50年代后期以及60年代初期，蔡斯以及一些年轻作家——比如后来成为第一个行政委员（即民选市长）的玛丽·安娜·吉塔尔（Mary Anne Guitar）——认为有必要采取措施以防止城市化无限侵占土地，这项举措留住了长岛的马铃薯农场，目前与康涅狄格州的森林连接在一起。

尽管很多临近康涅狄格州的城镇不愿意向联邦政府申请资金，用于试图购买土地所有者的开放空间（这些土地所有者并不情愿允许非公共土地用于休闲游憩），富有想象力的环保主义者们决定采用民主决策方式。他们开始学习为开放空间筹款的技巧，并对此熟知于心。在环保委员会（Conservation Commission）主席山姆·希尔（Sam Hill）——他自己拥有相当多的土地——的领导下，雷丁市制定了一个目标，即将25%的土地保护起来作为开放空间。为了实现这个目标，还制定了12份申请书，部分递交给内政部（Department of the Interior）以便从土地和水资源保护基金会（Land and Water Conservation Fund，LWCF）中获得资助拨款，部分递交给住房和城市建设部门（Department of Housing and Urban Development），以便获得开放空间项目（Open Space Program）的基金。结果难以置信，他们刚好筹到了1000美元。在此之前，雷丁只拥有1.2英亩保护性开放空间。1975年，这个数字达到了1256英亩。总体来看，希尔以及他的公司从州和联邦部门筹集了100万美金，通过劝说城镇的选民们将这个数字提升到了130万美元。在开放空间运动高潮中，斯图尔特·蔡斯怀着崇敬的心情写道："城镇官员和居民通过支持这一重要行为，抵御了马尔萨斯人口论灾难（Malthusian disaster），体现了长远眼光。"

不久，联邦的资金用完了。在20世纪70年代，当土地价格增长的时候，土地和水资源保护基金会的年度预算也在减少。福特总统（President Fort）没有采取任何措施，只是任由拨款减少。卡特总统（President Carter）把严格地削减土地和水资源保护基金作为一项控制通货膨胀的措施。里根总统（President Reagan）仿效了马克思理论，将此基金重新恢复，运行了几年，之后，资金也或多或少的流失掉了。在这几年里，雷丁等城镇的开放空间主义者们都在问自己同

样的问题："我们现在做的是什么？"很多答案是："什么也没做。"推动开放空间保护的动力渐渐放缓甚至停滞。林地只是静静地沉睡在那里，对环境有益，但是并无其他用处。

这不是雷丁的个案，它的筹款过程是如此地引人注目。联邦资金要求使用公共资金购买的土地要向那些提供资金的公众开放。在都市边缘的飞地中，这是合情合理的，但是这一要求并不具有广泛适用性。设想一下，成帮结伙的暴徒，藏匿了银器的飞贼，甚至是抢匪等画面仍然不时地涌入某些人的脑海中。但是，雷丁能够平息任何苛刻的想法，并将问题转化为机遇。在音乐家克卢瓦·恩索尔（Clois Ensor）以及一群游径建造志愿者的带领下，城镇的道路不仅仅穿越了由联邦资助购买而得的土地，同时还穿越了所有其他的开放空间。

游径可能因缺乏宣传而难以吸引不受当地市民欢迎的外国人。这里没有柏油路，只有穿过森林的干净的步道和马道，并以明显的记号进行标识。但是这对于大自然的爱好者来说是理想的游憩场所，它记载了几乎每一位雷丁公民的成长过程。目前，林地道路总长 55 英里，其中约 30 条步行线路在一本 95 页的指南中以地图和图示的方式得以精彩地展现出来。《游径手册》（The Book of Trails, 1985）由雷丁保护委员会（Redding Conservation Commission）以及两个非营利保护组织——雷丁开放土地公司（Redding Open Lands, Inc.）和雷丁土地信托基金会（Redding Land Trust）出版，作者是若昂·恩索尔［Joan Ensor，游径支持者和音乐家克卢瓦（Clois）的妻子，她是一名记者］和约翰·G·米切尔（John G. Mitchell）［奥杜邦杂志（Audubon）的地方编辑］。

游径以及游径指南鼓励了游径的使用，同时对于开放空间规划影响深远，且大大满足了对开放空间土地的要求。雷丁的居民不定期地穿越视野更为辽阔的森林，进而渐渐熟悉这些森林。在恩索尔–米切尔（Ensor-Mitchell）游径指南的第二版中，展示了所谓的长距离游径（long trails），这种游径将沿着溪谷和山脊的主要开放空间连接为穿越城镇的四条绿带。正如雷丁开放空间规划（由米切尔为保护委员会所写）对廊道的描述一样，"自然提供的是一系列平行的山脊和溪谷……由于游径的建立，土地上形成了大型开放空间的镶嵌图，这些开放空间位于山脊和溪谷间的廊道之中，聚集起来，毫无阻碍地像手指一样穿越城镇。"

为了防止这些土地被切割，保护委员会指出了一些未来的收购工作——收购应该集中于具有环境重要性的绿带和市政区域中，市政分区以及细分条例（subdivision regulations）应该适用于诸如水道等特殊性的土地。在此之前，雷丁迷人的景观保护基本上依赖于孤立的、单独的土地，现在这种情况已经发生了转变。现在，它的远景在于保护大片以生态效益为基础的土地。四条绿带占据的不是城镇四分之一的土地，而是城镇一半的土地。

这是斯图尔特对于愿景较为激进的设想，这一设想在雷丁得以实施，并将更有建树。正如第一位行政委员玛丽·安娜·吉塔尔所说的一样，"在这里，活生生的例子证明了——真正的保护是为了人类的存在，我们可以尽情享受近在咫尺的自然，一个小小的城镇能够并且已经把握了自己的命运。"

## 古老河流的重生

**梅勒梅克河绿道，圣路易斯至沙利文，密苏里州**（the Meramec Greenway，St. Louis to Sullivan，Missouri）

这是一个关于梅勒梅克河的故事——它从更新世岩（Pleistocene，地质学词汇——译者注）的源头开始，经历了美好的时代，以及糟糕的时代，现如今，这条河流经过恢复，作为一条绿道又进入了美好的时代。

梅勒梅克河源自密苏里州欧扎克族人（Ozarks）居住的地区。据奥扎克族人圆屋顶（Ozark Dome）结构的形成年代来推测，这条河流已经存在了约6亿年。河流向着东北方向流动，蜿蜒曲直，流经茂密的胡桃林、牧场以及农作物田地，一直抵达圣路易斯城（St. Louis）。它流过岩石表面的峭壁，流过长长的弧线河道，逐渐接近城市。地质学者认为，梅勒梅克河曲折河道是相对稳定的，意思是水流长期穿过隆起的沉积岩石，使其受到磨损，目前已形成相对固定的河流渠道。但是，在洪水来袭、其他的浅流在这片古老的洪泛区卷土重来的时候，河道似乎不够坚固了。

由于洪水多发，多变的地形，且河床深度不足等，梅勒梅克河难以帮助驳船把来自乡村田野和森林地区的货物运输到圣路易斯城出售，所以，梅勒梅克河未能够像密苏里河以及密西西比河那样成为商业运河从而获得充分开发。但是，于1853年向公众开放的一条位于梅勒梅克河流域的铁路的开发，激励了河流沿线一些不同地区的工业发展。比如，位于河流上游30英里处的地区，曾经坐落着玻璃厂、电炉厂以及一个谷仓。随后，城镇开始繁荣起来，到了20世纪初的时候，城镇中出现了2000多家工厂。在1915年，梅勒梅克河的洪水溢出沿岸35英尺。在一个繁荣时代结束之时，尽管没有建成河谷公园，不过，现在，圣路易斯城的一个郊区的发展就足以超越韦伯斯特格罗夫斯市（Webster Groves）和柯克伍德市（Kirkwood）。

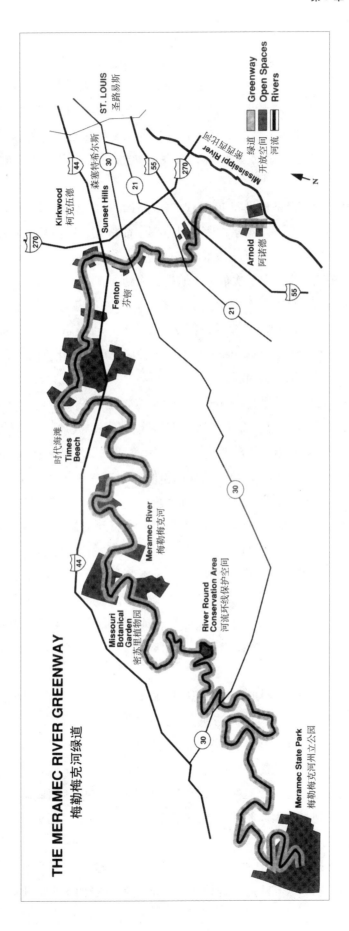

在那个年代，除了工业，铁路的开发也促进了河流的利用——使其成为远离喧闹城市的夏季度假胜地。早在 1872 年，度假社区就开始在梅勒梅克河周边出现，但是，从 19 世纪末 20 世纪初一直持续到 20 世纪 20 年代晚期，最多的开发活动是划船俱乐部、夏季别墅、度假宾馆等，它们星罗棋布地出现在上游 100 英里处的洪泛平原（支架结构）和河流陡坡地区。这里充满着趣味和愉悦，只需要 1—2 小时，就可以搭乘火车从圣路易斯到达这一度假区。在宜人的夜晚，人们在户外的河边看台上跳起查尔斯顿舞，而在酷热的白天，则到冰凉的水中涉水、嬉戏、垂钓。

但是 20 世纪 30 年代的经济危机和 40 年代的战争使得梅勒梅克河沿线进入了衰落时期，当然，一些度假胜地都遗留下来了。洪水过后，俱乐部未能重建，度假社区脏乱不堪。战争过后，自 1929 年危机所引发的多年艰难岁月已走向尾声，进而被繁荣所取代。这一转变的影响甚至超过了 20 世纪 20 年代中期产生的那一次危机。但是，梅勒梅克河却未能够从中获得益处。汽车代替了火车，人们开始乘坐雪佛兰汽车观赏国家风景。对于梅勒梅克河来说，这是一个对外开放的时代而不是封闭的时代。战后，环境污染、废弃物、垃圾以及自然和历史区域的破坏成为这一地区的"特色"。时代海滩（Times Beach）的河流社区充斥着氧化物的废弃物，预示着梅勒梅克河地区难以回到户外嬉戏的宜人时代。

在 1967 年，河流的捍卫者担心河流——至少是位于圣路易斯城内的部分——将在城市的扩张中渐渐废弃，直至消失。他们提议将河流下游作为国家游憩区的一部分，以此来拯救梅勒梅克河。该国家游憩区隶属于凯霍加河山谷国家游憩区（Cuyahoga Valley NRA，即 Cuyahoga Valley National Recreation Area，位于俄亥俄州的克利夫兰和阿克伦城之间）国家公园管理局（National Park Service），由管理局实施管理。事实上，第一次对梅勒梅克河自然和文化资源进行全面调查研究工作正在进行中。密西西比州政府将建立国家游憩区的设想上报至内政部（Department of Interior）。密苏里议会代表团对该设想表示一致支持。但是国家公园管理局进行官方评估时，梅勒梅克河并不符合标准，结果不容乐观。这条河似乎很难成为国家公园中的一员。但是，这一新闻对于那些支持者们来说是一个打击，而对于圣路易斯城的每一居民来说，这只是微不足道的事情。他们已经遗忘，或者说他们太年轻还很难理解在自家后院中度过的珍贵时光，他们现在都蜂拥出城，在州际公路上驾车前往黄石公园（Yellowstone）和拉斯韦加斯（Vegas）。

在 20 世纪 60 年代，其中最早的一位河流保护主义者是来自圣路易斯城的公共关系工作者和作家阿·福斯特（Al Foster），他对户外游憩尤为关注。福斯特 30 岁的时候，将他的大部分时间都投入到河流、垂钓、泛舟和自然文化历史的研究学习中。他现在依旧如此。当然，他热爱河流，但是他还具有一项重要的技能，即作为一名公共关系工作者。他知道如何使梅勒梅克河走出困境。自然而然的，河流爱好者们都向福斯特征求意见。在申请国家游憩区这一方案失败之后，河流爱好者们意识到如果媒体能够加入到这场保护运动中来，那么，也许还可以使梅勒梅克河恢复昔日的容颜。

福斯特对这个问题进行了慎重的考虑。河流并未被完全破坏——至少当时还没有。它只是看起来破败。很显然，劝导联邦政府治理梅勒梅克河是不可能的了，应该是圣路易斯城的居民自己来拯救这条河流，并将个人永久性资本吸引到保护行动中来。因此从福斯特公共关系延伸出来的清洁溪流运动（Operation Cleanstream）正是这样做的。在圣路易斯城开放空间委员会（St. Louis Open Space Council）的支持下，清洁溪流运动招募了很多志愿者来"弄脏双手"，正如福斯特所做的一样，使河流从被忽视的状态中拯救出来，将这些年在河流中所积淀的电炉、冰箱、轮胎、金属罐以及瓶子等清除掉。政治家和商业领袖对这个项目给予了支持，并将其周末的时间都花费在该项目上。这个项目获得了成功（目前仍然成功，事实上，每年有 400 至 600 人为了它而来），伊扎克·沃尔顿联盟（Izaak Walton League）将这一设想转变为一项国家项目——即今天的拯救溪流运动（Save Our Streams）。

自豪感又重新回来了。它最初来得很慢，但是随着市民们开始捡拾垃圾，这个活动得以迅速开展。最后，在 1975 年，梅勒梅克河实施一个开发理念，该理念要求政府、公共部门、私人等共同努力合作，以拯救河流沿岸、峭壁以及洪泛平原的景观。这一理念促使政府官员将河流下游 108 英里的河段——穿越了 3 个县和 8 个城镇——作为梅勒梅克河游憩区进行申报。成立了一个政府认可的协调委员会，随后称之为梅勒梅克河游憩协会（Meramec River Recreation Association，MRRA）——现在是一个由当地政府代表组成的私人非营利机构。目前的兼职常务董事是苏珊·萨德维克（Susan Sedgwick），她同时也是圣路易斯城的规划官员。

结果如何呢？在过去的 20 年里，下游河道沿线维持着一个稳定的绿色空间，保护着沿岸长约 27 英里的保护区河段。这一结果的实现，关键在于河流沿线的政府、开发者以及非营利组织的努力。圣路易斯的市民们分别于 1977 年和 1988 年发行了两次债券，共提供了 300 万美元用于购买土地（重点是那些将公园和开放空间联系起来的土地）和游憩开发。市政当局也购买土地为市政府所有，建立了当地的沿河公园，同时，在促使住宅建筑商开发场地时，从水岸边缘算起至少贡献出 300 英尺的带状土地方面也取得了惊人的成功。此外，圣路易斯开放空间基金（St. Louis Open Space）鼓励私人捐献土地，以及用于购买土地的资金。近年来，极具讽刺意味的是，梅勒梅克河游憩协会的成员苏珊·萨德维克一直与国家公园管理局合作，准备宣传册，幻灯片，以及视频，直接展示给梅勒梅克河山谷的个人土地所有者，鼓励由私人进行河流资源的管理工作。

梅勒梅克河游憩协会工作最有效的技巧就是利用了联邦紧急事务管理局（Federal Emergency Management Administration，FEMA）负责的联邦洪水保险计划（federal flood insurance program），计划目的在于将洪水灾害区转化为永久性开放空间。联邦紧急事务管理局预算中有一小部分用于帮助市政收购洪水灾害区的资产，支付灾前财产评估以及受灾严重财产保险的差价。根据法律条款，联邦政府不会向社区提供洪水保险，这使得 50% 或者 50% 以上受损的建筑很难得以重建，除非它们被评估成为比百年一遇级别更高的洪泛区等这类明显的原因，政府才有可能一次又一次的为灾难付款。在梅勒梅克河，每六年就会发生一次严重的洪水灾害。

1982 年灾难性的洪水在通过圣路易斯县的时候对河流的下游产生了毁灭性的影响，苏珊和梅勒梅克河游憩协会的同事们想到了一个主意。他们不像以往为了梅勒梅克河游憩协会的收购资金而进行城镇之间的竞赛，而是劝说 8 个市政和 3 个县到华盛顿呼吁联邦紧急事务管理局为一个全面收购洪泛平原项目提供必要的资金。所需资金是 200 万美元，而他们也确实获得了这笔款项。从那时开始，超过 150 处的建筑物从河岸搬迁，土地转让给当地政府并作为永久性的开放空间。

多亏了清洁溪流行动项目（Operation Cleanstream）和梅勒梅克河游憩协会的土地保护工作，河流才恢复了美丽的容颜。自从 1975 年开始，这些人负责约 7000 英亩河岸土地的保护，并鼓励土地私有者和政府建立绿道连线，将大区域范围内的开放空间资源连接起来，比如州和县的公园，由华盛顿大学和密苏里植物园（Washington University & Missouri Botanical Gardon）所共有的土地等。现在，梅勒梅克河发展成为了梅勒梅克河绿道（Meramec Greenway）。每年这里都会举行节事活动——大梅勒梅克河皮筏艇漂流（Great Meramec River Raft Float）——以筹集资金，设计新颖独特的游艇将获得一等奖金。

梅勒梅克河沿岸的幸福日子又重新归来。为什么？如果你眯起眼睛来看的话，你可能看到远方那个戴着稻草斗笠的船夫，远远的伫立在岸边，和他的女朋友一起泛着小舟，女孩撑着阳伞，手指轻轻划过水面。然后，在温柔的夜，如果你侧耳倾听，你将听到尤克里里琴（ukelele）的琴声，像是来自古老的亭阁，"Ja—da，ja—da，ja—da ja—da jing jing jing "天啊，太美妙了，就像是蜜蜂轻轻起舞的感觉。

## 美国莱茵河的艰难任务

### 哈得孙河谷绿道，纽约市至纽约州的奥尔巴尼－特洛伊

哈得孙河不仅是条雄伟壮丽的河流：这里写满了历史，从哈弗蒙（HalfMoon）的亨利哈得孙村庄（Henry Hudson's voyage）向前穿过河流旁的商业开发区，这条河流将大湖和东海岸最大的港口纽约港（Eastern Seaboard，New York Harbor）连接在一起。富人们用其贸易所得的财富在河流沿岸建立大厦和商业豪宅——如莱茵城堡（Rhineish castles）。丁香花、峡谷、溪流以及蜻蜓的景观给了很多画家以创作灵感——就像哈得孙河学校（Hudson School）。微咸的河流创造了商业性渔业：条纹鲈鱼、鲟、西鲱。

当今，哈得孙河一直是有史以来环境保护行动中最为出色的典范：河岸的维护从曼哈顿的第 72 街一直上溯到曼哈顿岛的北端。跨过河流，保护者们致力于保护大型的岩壁，再远些，他们建立了哈得孙高地（Hudson Highlands）宏伟的州立公园。另外一个令公众感到震惊的成功事例是哈得孙河清污活动，鱼类种群迅速增多［尽管还存在一些多氯化联二苯（Polychlorinated Biphenyl，PCB）的问题，对某些活动和商业渔场产生了影响］。水质达到第二次世界大战之后最好的状态，适宜游泳甚至可以饮用。最合时宜的是，哈得孙河谷提供了最具有教育意义且有利于进行环境教育的场地，目的在于拯救景观——对于斯托姆金山（Storm King Mountain）来说，这场保护战役获得了最终胜利。

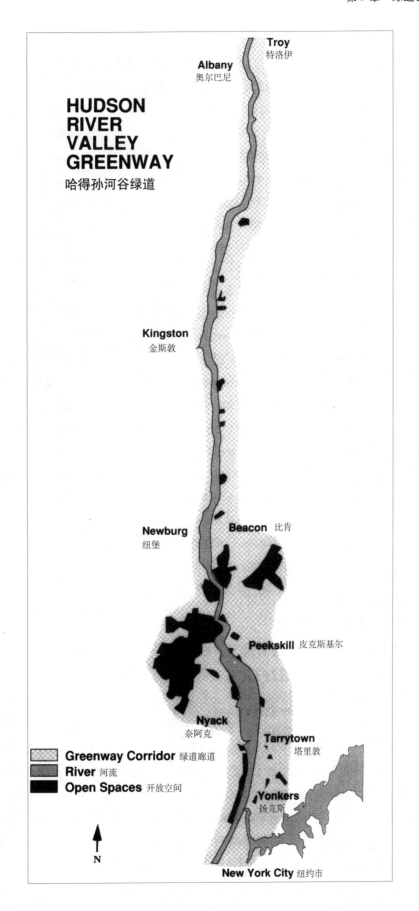

**HUDSON RIVER VALLEY GREENWAY**
哈得孙河谷绿道

Troy
特洛伊

Albany
奥尔巴尼

Kingston
金斯敦

Newburg 纽堡

Beacon 比肯

Peekskill 皮克斯基尔

Nyack
奈阿克

Tarrytown
塔里敦

Yonkers
扬克斯

New York City 纽约市

Greenway Corridor 绿道廊道
River 河流
Open Spaces 开放空间

N

近年来，哈得孙河绿道理念应该归功于过去做的所有努力，不过，远在纽约市北部40英里之外的斯托姆金山可能为绿道理念的确立和衍生提供了必要的政治和组织支持。人们可能对这一事件还有一些模糊的印象，那就是1962年，爱迪生联合公司（Consolidated Edison Company）宣布（这一举动较为低调，只是发布在一家在乡村地区发行的报纸，目的在于遵循法规向公众公布规划的要求）他们将在山顶附近建立一个水泥筑起的湖（cement lake），作为电力发电的抽水式存储区，主要为了满足高峰时期的电力需求。首先，在非用电高峰期，三个电力单元将被用于从河里抽取水流，附带着吸附并杀死数不清的条纹小鲈鱼，这种小鱼被认为是东岸最具有商业价值的鱼类物种中产量最大的一种。其次，在用电高峰期，炎热的下午，当办公室因空调过多而导致华尔街或者麦迪逊大街等地区不得不限电供应时，水的生产力通过闸门被释放出来进而产生两个单元的电力。对于那些热爱哈得孙河历史和风景的人来说，这项工程就是一个诅咒。对于渔夫来说，它是一种暴行。人们开始抗议，随后是一个持久的诉讼，在投入了大量的资金、耗费了大量时间之后，环境保护者们终于获得了胜利。在众多随之而来的从东海岸至西海岸的环境保护活动中，"风暴之王"绿道项目（Storm King）是第一次伟大的斗争，它为国家环境政策法案（National Environmental Policy Act）提供了法律启示，在具有重大意义的1969年，联邦法案要求政府部门或联盟组织应该根据政府的合约或程序来进行环境影响评估（Environmental Impact Statement，EIS），评估中需要考虑几个重要的建设项目，比如"风暴之王"。在哈得孙河沿岸，环境保护者宣布他们不会再允许任何人对他们挚爱的河流报以忽略的态度。

保护"风暴之王"绿道项目组织是哈得孙景观保护联合会（Scenic Hudson Preservation Conference），直至今日仍然存在，它经过一次合并，成为哈得孙景观公司（Scenic Hudson，Inc.）。相应地，它是一个非营利组织，在清晰阐述哈得孙河绿道理念中起到了重要的作用——1985年提出将该河流作为一条遗产廊道——作为其在哈得孙高地成功努力的产物。在克拉拉·索尔——一个出生在德国的规划者，对于保护"美国的莱茵河"具有坚定的信念——的领导下，哈得孙景观公司组成了一个强有力的同盟，包括了150个当地的、区域的以及国家层面的组织，以支持绿道理念，并要纽约州政府采取相应的行动。

同时，在哈得孙河保护者中两位骨干：劳伦斯·S·洛克菲勒和亨利·戴蒙德（Laurance S. Rockefeller and Henry Diamond）的领导下——前者是一位慈善家，后者则是一位华盛顿律师和纽约环境保护局前委员，从20世纪70年代末至今，都一直在考虑如何建立一个保护河道的综合概念。最后，在20世纪80年代中期，亨利将绿道发展为廊道保护的概念——一个一直未被正式提出的概念。在与洛克菲勒以及洛克菲勒家族保护协会成员工作的过程中，亨利主持了一项针对绿道前景的政策研究，并在环保主义者、自由作家道格拉斯·里（Douglass Lea）的帮助下出版了一本小册子，针对哈得孙河提出了绿道概念的内涵。这本小册子——《哈得孙河谷绿道：一项保护美国财富的新战略》（Greenways in the Hudson River Valley：A New Strategy for Preserving an American Treasure，1988，见下引文"出版报告"的主要来源名单）分发到了每一位有志于拯救河谷的人的手中。这本小册子和广为传播的研究与分析结论给予了州长和立法官员以压力，使其尽快采纳了绿道概念并建立了绿道协会。

考虑到哈得孙河谷未来的命运，保护组织建立了同盟关系，亨利–洛克菲勒出版的宣传册将绿道概念细化为具体的学术名词。在小册子出版之前，州长马里奥（Mario Cuomo）就已经在州政治目标中提出在哈得孙河谷建立绿道的设想。1988 年 1 月，当州长向立法机关传递信息的时候说："我提议建立一条哈得孙河绿道，它是公园和开放空间的连接线，还是从纽约市到阿迪朗达克（Adirondack）山脚的游径……这项合作性质的公共 – 私人事业将把哈得孙河谷非凡的环境、文化遗迹、历史遗产连接起来——在这个过程中，既保护了具有国家和国际重要性的一条绿道，又培养了地区认同感。"接下来，立法机关指定哈得孙河谷绿道委员会（Hudson River Valley Greenway Council）在 1990 年春天为绿道草拟了一份行动计划，以跟进这个项目。领导项目的负责人是纽约州特洛伊的一位环境保护主义律师，戴维·S·桑普森（David S. Sampson），他在哈得孙河沿岸成长，参与了哈得孙河景观遗迹保护和亨利的出版工作。

　　作为一名环保主义者，桑普森的资格证书多得令人羡慕，同时他与哈得孙河流域商业社区（Hudson River business commuity）有着紧密的联系，只是与妻子关系有些不和谐。实际上，正如其他地区的项目一样，这个项目面临着严峻的挑战。就像亨利和道格拉斯在小册子中说的那样，哈得孙河绿道项目必须具有"极强的可塑性"，以满足经济和环境的多样性要求，"同时它必须足够坚实，能够为实用的地图、规划和行动提供坚固的基础。"

　　桑普森的绿道协会（Greenway Council）在建立实用性地图、规划以及行动计划的过程中，面临的主要困难就是项目区域的陡峭地貌——从曼哈顿到奥尔巴尼 – 特洛伊之间的长达 150 英里的廊道，所占面积约 1000 平方英里。这里有 13 个县——从以城市景观为主的布朗克斯（Bronx）到以乡村田园风光为主的格林县（Greene），包括难以计数的政府、市政团体、商家和协会。另一个使人气馁的问题是土地的价格——这是一个极为重要的因素。尽管大部分土地均为河流廊道沿线的公共或准公共开放空间，但是这些土地并不是连续的。无论是完全产权收购还是获得地役权，显然需要给予获取这些连线以高度优先权，但是最终，这些在财政方面显现出来的问题比政府官员所预料到的更让人气馁。纽约城市内的土地价格令人望而生畏。但是即使在哈得孙河中部地区的乡村地，远离纽约市的一些小城镇，滨水区的价格近年来也令人望而却步。有一块延伸至河道称为斯卢普山（Sloop Hill）的关键土地，面积约 102 英亩，为了购买它，公园和开放空间宣传者鼓吹了很久，在 1974 年的时候，价格为 75000 美元。在 1979 年，州立公园与游憩局的官员认为应该获取这块土地，但是立法机关以经济危机为由将这一购买行为推迟。最终，土地所有者于 1987 年以 920 万美元的价格将该土地卖给一位开发商。在一年又一年的犹豫不决之后，州政府在 1988 年终于采取了行动。他们给出了 1330 万美元的高价，是原价的约 200 倍。然而，哈得孙河谷是纽约州发展最快的地区，它的价格肯定还会有所增长。

　　这里，有个严重的双重约束的隐含因素。一方面，廊道太大，过于冗长以至于合作难度大，另一方面难以规范以一种足够具体的方式来保护土地资源，建立一条实际的绿道。很少有地方官员能够把规划和区划的权力转让给州委员会，这将导致州委员会把开发范围限制在河道的视线之内。但同时，即使可以获取土地，那种想要直接收购滨水区沿线的土地，用以建立现有公园和开放空间之间连线的想法，从经济上讲也是无法实现的。事实上，自从几乎所有东部以及部分西部的滨水土地被铁路通行权占有之后，剩下的滨水区土地几乎没有再被利用。

　　这是僵局么？可能不是。确实，很多绿道支持者将铁路看作是影响人们完全实现绿道创建的一道永久性障碍——但至少连续的海岸公共通道是一个主要的特征。但是，也有一些人相信，河岸边的铁路用地将成为景观保护的有利条件。历史上，铁路路权保持了哈得孙河河岸，使得两岸免于进行居民区开发建设，转而保护了河流廊道的视觉美观，至少保持了某段距离内的景观的美观。《纽约客》（New Yorker）杂志的专栏作家托尼·希斯（Tony Hiss）以及桑普森规划委员会的顾问认为，一些路权可以用于建立人行道，并与铁路共享。希斯，以他关于铁路的怀旧文章——《纽约客》上的《谈谈城镇》（Talk of the Town）——著称，可能对于使用方面的冲突了解甚少，但是，关于冲突的事实确实是长期存在的。对于那些古已有之的公用道路使用地——尤其是那些较为宽阔且未被游径充分利用的路段——很可能发展成为基本连续的绿道廊道。

同时，桑普森和他的员工一直在了解市民对于绿道潜力的看法。实际上，他们举行了很多次听证会。那些认为绿道是一种保护河道美丽风景和历史遗迹方式的人们经常参会。有时候，需要确定的是，桑普森感觉他的任务就像是无业游民的早餐：有火腿就吃火腿，有鸡蛋就吃鸡蛋。乡村周围很多专家都对哈得孙河谷绿道深表怀疑。这一国内以河流为基础的最具雄心的绿道项目，远非纸上谈兵——虽然某些组织对此项目有所反对，但该项目确实通过连接公园和历史区域，从而为河流廊道的土地利用状况带来了显著变化。

30 多年前，为景观哈得孙"风暴之王"这一绿道项目寻求保护的那些日子，河流拯救者很难找到与山谷破坏者相抗衡的外部机会。对绿道项目结果进行悲观地预测很可能是个错误。正如克拉拉·索尔所说，"我相信只要哈得孙河谷绿道成为人们意识中一个明确的、可感知的概念的时候，其他的事情就会迎刃而解了。到那时，我们就会逐步推进，循序渐进。"

## 拯救曾经的河岸

### 大瑟尔视域，从圣路易斯·奥比斯波到蒙特雷县，加利福尼亚州（San Luis Obispo to Monterey, California）

加利福尼亚 1 号公路是美国最引人注目的海岸道路，在保护道路景观的过程中，没有什么事情是毫无缘由地发生的。该道路建成于 20 世纪 30 年代，从圣迭戈（San Diego）延伸到旧金山的北部。在加利福尼亚州南部，道路与 101 国道交错，当地居民并不喜欢这样的交错。最后，道路有了分岔。当这条联邦道路迅速地向北延伸，与位于萨利纳斯山谷（Salinas Valley）之上的道路交叉，双车道的 1 号公路也沿着那样的路线前进，选择了具有夕阳景色的海洋，蜿蜒进入了险峻的海岸峭壁线路，从摩罗海港一直向北延伸到蒙特雷县，长约 70 英里。有些人称之为怀特纳克纪念公路（White Knuckle Memorial Highway），尤其指最北的那一段，在这里纵深的峡谷将险峻的山脉切断，引人注目的钢筋大桥连接了海岬。几百英尺之下，山间的溪流越过红杉树，直泻海洋，形成了小型的海岸，以及小型红岩岛屿——称作海栈（sea stack）。在离岸几十码的海栈处，海豹或晒着太阳，或抬起头咆哮以吸引异性。1 号公路的这一部分——大瑟尔（Big Sur）——的景色是最美不胜收的。以至于在过去的 25 年里，这里也是环保主义者最为担心的地方。

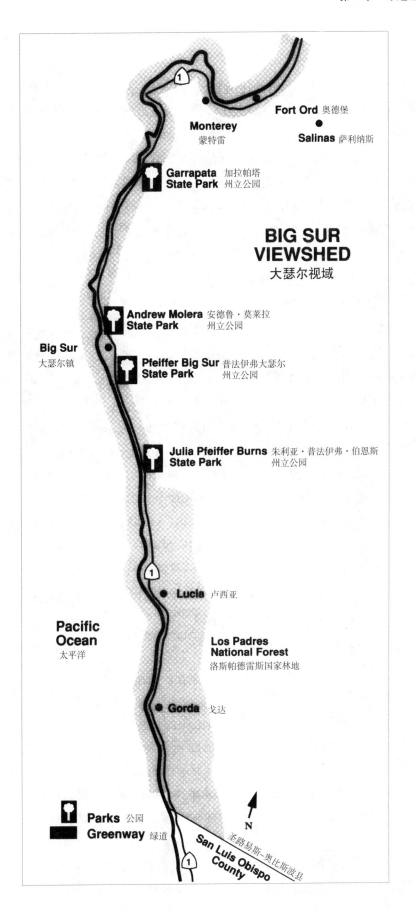

在 20 世纪 60 年代，出于对商业带状土地开发的恐惧——商业带向南延伸到奥德堡（Fort Ord）以及旅游观光地蒙特雷和卡梅尔等地区，人们担心这种发展可能会毁坏这条风景路，因此，蒙特雷县将公路以及公路周围的景观指定为一个保护区，廊道的宽度则取决于地形因素。实际上，这也是该县代表 1 号公路所采取的第二项具有前瞻性的行动。早在 1941 年，政府就早早地出台了一部关于禁止广告牌的法案。

不过，尽管该县有了好的愿望，很多人还是有顾虑，即一个纯粹监管的办法可能过于软弱。因此，一大批具有公益心的土地所有者结成联盟——目的在于将风景地区地役权转让给县政府，土地所有者将保有土地的所有权和使用权，这种永久性的契约转让权将永远禁止土地开发。当然，捐献者则享有税率优惠。因为资产的实际价值被剥离出去，就需要从所得税中扣除一部分，原因在于以个人资产的评估价值为基础征收的物业税降低。无论如何，一点点物业税的损失对整个县来说是微不足道的。问题是县政府认为根据州级法律，它没有权力接受任何少于地契价格的捐赠土地。为了解决这个问题，一位当地的州议员——弗莱德·法尔（Fred Farr）在萨克拉门托（Sacramento）提议了授权立法，不仅允许了地役权的转让，而且大力支持这一转让行为。该法案是第一部提出相关内容的州级法案。之后，当加利福尼亚州公路部门考虑加宽 1 号公路时，法尔进行了一项风景道路研究，将 1 号公路指定为加利福尼亚州的第一条风景公路。

然而，海岸地区的战斗才刚刚开始。从 20 世纪 60 年代一直到 70 年代，加利福尼亚州的海岸开发活动大肆进行，很难保障将太平洋地区与公寓大楼和道路沿岸的商业区分隔开来。1972 年，市民倡导的自发投票活动——20 号提案（Proposition 20），正式名称为加利福尼亚州海岸法案（California Coastal Act）——得以通过，它非常严格地限制了加利福尼亚州海岸地区的开发活动。20 号倡导自发投票活动的领导者大多是大瑟尔地区的环保主义者。

当海岸法案繁琐的审批程序进行时以及法案通过后，蒙特雷县政府通过鼓励住宅区的群集开发以限制 1 号公路沿线住宅区对环境的整体影响，同时，通过允许开发权的转让，将任何开发景观地产的权利从 1 号公路沿线剥离出来，随后允许在另一块可观性稍差的地块中进行地产开发，以区划开发方式来增加土地的使用密度。不过，无论这些方法多开明、多富有想象力，它们只可能是当地的补偿方法。很多大瑟尔地区的人们更需要的是比较可靠的联邦政府的保护措施，因为在州和地方政府层面都很难保护景观的完整性。因此，在 1978 年，当地的环境保护活跃分子成立了大瑟尔基金会（Big Sur Foundation），他们主要是推进风景区土地保护政策。随后他们与美国国会（U. S. Congress）合作，寻求是否能够制订出某种混合优势的国家公园认定方式，这种途径将保持现有的土地权所有关系，但在很大程度上减少进一步的开发。

1 号公路沿线出现了各种各样的新理念，但是在当地并未受到欢迎，甚至于基金会也认为部分理念不太乐观，最终人们的努力流产了，没有获得国会代表团的支持——尤其是没有获得代表莱昂·帕内塔（Leon Panetta）的支持，他在家乡和华盛顿都有较高的声望。然而，尽管从立法上没有实现，但联邦政府对于利用公路来激励州和地方加强对大瑟尔海岸地区综合保护的方式感兴趣。

在推进大瑟尔土地基金会（Big Sur Land Trust）的工作中，新一轮利益分配具有极为重要的作用。大瑟尔土地基金会也成立于 1978 年，这是一个低调的组织，意味着它不会参与到一个有争议的、用于保护景观资源的补救政策中去。相反的，它与土地私有者联系紧密但更低调，它鼓励土地私有者捐献土地或者风景地段的地役权，做不到这一点的话，就鼓励他们以低价进行土地出售，并允许基金会在需要的时间内举行捐赠活动来筹集购买土地的资金。尽管就保护大瑟尔地区的景观美学价值的完整性而言，州级海岸法案（Coastal Act）承诺了许多，不过这仅仅是承诺而已。而基金会则是更加勤勉地经营其事业。在 10 年内，在大瑟尔海岸有近 10% 的私人土地的状况下，它最终保护了 7000 英亩的景观开放空间。

结果，直到 1986 年，海岸法案所要求制订的地方规划得以完成并被官方采纳。正如人们所期望的，就像蒙特雷县监督员卡琳（Karin Strasser – Kauffman）所说的那样："该地区规划是国家控制开发活动最严厉的举措。"规划中只允许建筑物建立在大瑟尔视域范围之外的地区——这就意味着在 1 号公路上看不到这些建筑物。

海岸规划的视域概念非常强硬且看起来易于执行。然而，不可避免地涉及一些问题。那些处于视域范围附近的土地是否可以进行开发？如果一块视域范围内的土地距离公路只有一小段距离或者距公路有很长一段距离该怎么办呢？据大瑟尔土地基金会执行董事布里安·斯滕（Brian Steen）所述，县政府和海岸委员会通过避免海底视域进行地图绘制的方式，而将这些问题延后处理。这些官员认为，指定视域范围保护区的土地所有权很可能导致一系列由于土地所有者希望逃避管理规则而带来的诉讼。

由于认识到县政府等部门在执行土地利用规划方面存在的问题，布里安及其董事会董事向帕卡德基金会（Packard Foundation）申请一份研究专款，以帮助他们确定每个所有者的每块土地，确实位于大瑟尔视域范围内。他们聘请了一位顾问以调查所有的土地所有权。这项调查不仅确定了有多少土地将被涉及其中，同时也为基金会提供了优先次序观念——包括所有者之间的次序，以及土地购买或者风景地段地役权购买的次序。

在这段时间，土地基金会和大瑟尔居民，在莱昂·帕内塔的帮助下，筹集了 62500 美元开展了加利福尼亚州新一轮的投票提案，即 70 号提案（Proposition 70）——正如 55 年前的 20 号提案（Proposition 20）那样，这一举措将大大有利于大瑟尔地区的未来建设。在加利福尼亚州，如果立法不能解决投票者满意度的问题，市民有权利通过投票提出一个提案——只要他们能够收集到包含了 60 万个签名的请愿书。在 70 号提案中，这项工作得到全州范围基层民众的支持。但是能否得以通过，则是另外一个问题。

从很多角度来讲，70 号提案是一个与 20 号提案同样大胆的保护措施。这一提案以加利福尼亚州野生动植物、海岸以及公园的名义，要求发行 7.76 亿美元的债券，以购买野生动植物栖息地、风景土地以及加利福尼亚州的开放空间。通常情况下，任何涉及新的税款项目的提案都很容易引起投票者的关注。事实上，对于债券发行的提案在 1914 年曾经提过。不过，在 1988 年 6 月的投票中，66% 的加利福尼亚投票者通过了这项议题。结果是 2500 万美元将被用于购买大瑟尔视域范围内的风景地役权。当然，这并不是个偶然事件，土地基金会已经准备好进行实质性工作——研究已经完成，优先次序已经确定。

目前的状况显示，25 年来，保护具有国家级重要性的风景公路的工作已经基本完成。对于一些人来说，通过将 20 号提案（海岸法案）的法规与 70 号提案的债券发行结合起来，以获取地役权的想法，似乎注定是失败的。法规并没有提出通过收购地段权来进行积极的控制。反之亦然。但是，很难在大瑟尔海岸地区发现有人谈论这一方式。土地基金会经理布里安·斯滕所担心的问题是"我只是不知道我们如何实现这个行动，我们也不清楚资金能否支持足够长的时间，而且我们剩下的时间已然不多了。"

是维尼熊故事中那头先天悲观的灰色小驴——屹耳（Eeyore）曾经提到过？还是理性的土地拯救者的智慧在起作用？可能都有。如果有什么人需要被不断提醒缺乏警觉会造成后果的话，那么他只需向南旅行100多英里，在那里，相同的1号高速公路沿线有公寓大厦，速食店铺，办公建筑以及购物中心，延伸至洛杉矶（Los Angeles）盆地的灰色地平线。在这些建筑物之后，仍然存在着海洋——虽然已经很难辨别。我们的后代将会很感谢大瑟尔海岸的保护者们从来没有满足于他们的胜利——在1941年，广告牌被禁止，1964年，道路成为风景公路，1972年，海岸法案（Coastal Act）最终得以通过。今后，如果你想了解加利福尼亚州海岸曾经有多么的美丽，请到大瑟尔地区来。

## 闭合的环形路

### 40英里环形路，波特兰，俄勒冈州（the 40-Mile Loop，Portland，Oregon）

1903年，弗雷德里克·劳·奥姆斯特德（Frederick Law Olmsted）——纽约中央公园（New York's Central Park）以及多项绿色优秀作品的伟大设计者——去世了，享年81岁。不过，他的侄子（后成为养子）约翰（John）——现在是奥姆斯特德公司的老板——到了俄勒冈的波特兰，为下一年将在刘易斯和克拉克中心举行的博览会进行城市美化工作。之后，他的继子小奥姆斯特德（Frederick Law Olmsted. Jr.）也参与进来，进行了公园规划的设计。在这项工作中，他们向波特兰人提出了一个大胆的建议：放弃在各个地方建设公园，取而代之的是建立一个长达40英里的环城公园系统——正如同奥姆斯特德自身（这就像奥姆斯特德自身所打上的标签以及他的钦佩者倾向于这样提及他）经常向他的市政客户所推荐的那样。

就在两位景观建筑师在城市地图上标出公园路线的时候，里克（Rick）抬起头，问他的哥哥："我们应该如何称呼这个概念？"

"我不知道，"约翰回答道，"你会如何命名一条40英里环形路呢？"

"我什么都想不到，"里克说，"它只是一条40英里的环形路。"实际上，在奥姆斯特德公司有这样一个源自老奥姆斯特德的传统——不使用奇特的名字。景观为使用者服务，而不是为设计师服务。

讨论趋于平息。兄弟两个可能都想到了老父亲的格言。为了转移话题，约翰说道："那么，我们结束这一话题？"

"完全结束了。"里克回答。

这就是他们如何应用老奥姆斯特德的方式起名字的"普普通通的"故事，从这天起，40英

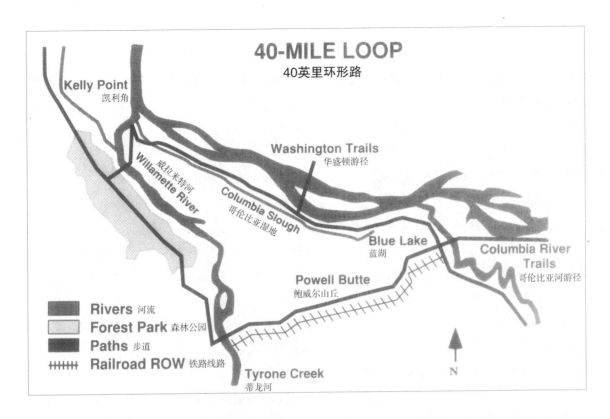

里环形路（40-Mile Loop）就成为这一现代绿道项目的名称。但是，还有一点不同的是，40 英里环形绿道的长度现在不再是 40 英里，而是 140 英里，正如它建设的初衷，现在它是美国最富有创意和资源价值的绿道项目。"这是一个公园和公园道的连接系统，"兄弟俩在 1903 年的报告中提到："它比一系列的独立公园具有更加完整和实用的价值。"时至今日，在不断坚持和漫长的起步过程之后，这一愿景终得以实现。

实际上，在 1903 年，无论奥姆斯特德的理念具有多么大的吸引力，波特兰人即使进行了许多尝试，也难以在 75 年之久的时间内连续的实施该计划。1907 年，选民同意发行 100 万美元的债券，以实施环形路一个关键部分的建设。该部分沿着树木繁茂的山脊地带延伸到能够眺望城市的西边，但是发行债券筹集的资金都用于开发已有的公园而不是购买新的土地。随后，在 1912 年，引进了一位来自芝加哥名为爱德华·H·贝内特（Edward H. Bennett）的有名规划师，他重新建议应该购买山脊（其支持者希望称之为森林公园）的土地。这次，提出了数额为 200 万美元的债券，但是没能够获得大多数投票者的支持。之后，出现了一点小运气。很多森林公园的土地都已被整块出售，但是道路建设的高成本（很大一部分原因是偶然的滑坡）导致很多土地未能支付道路评估费用而被市政府没收了。同时，在相邻的马尔特诺马（Multnomah）县，附加的森林土地因为税收原因被没收了。那里还没有公园，但是至少，一块好一点的土地已经归公共所有。1943 年，著名的纽约市公园建设者罗伯特·摩斯加入到该项目中来。他也建议建立一个森林公园。但是之后，战争又开始了。终于，1948 年，公园逐渐建立起来，土地的来源主要包括到期未支付税款的土地、捐赠及购买的土地。最终，40 英里环形路得以开建。

由于城市官员和市政领导不希望看到奥姆斯特德规划的实施像往常一样继续拖延，当森林公园的贡献初露端倪，城市官员和市政领导没有过多地考虑奥姆斯特德兄弟老式的 40 英里环形路计划，而是给出了几十年的期限实施另外的计划。第二次世界大战后期的繁荣使波特兰地区迅速发展，将该地区从一个紧凑的小城市改变为一个向外扩张的大都市区。到 20 世纪 70 年代，让 40 英里长的环形路环绕整个城市是一件不太可能的事情。然而，1978 年，好运再次降临。由于俄勒冈代表团的要求，美国国会通过了一项法案（bill），法案中声明哥伦比亚湿地（Columbia Slough）——作为奥姆斯特德计划中的重要土地——不再是一条航行水道，这意味着疏浚航道将停止，而且，这块土地将在很大程度上能够作为开放空间和游憩用地。环形路的另一部分也因此得以投入建设。

同一时期，自然保护协会（Nature Conservancy）的州级主管及设计师阿尔·埃德尔曼（Al Edelman）开始意识到，用于购买公园和自然区域的联邦资金越来越少了。为了保护和提升波特兰地区的自然资源，必须寻找其他有效的途径。需要采取哪些行动呢？首先，由于资金的限制，不能继续购买其他大宗土地，那么，为何不暂时搁浅 40 英里环形路计划而围绕已建公园开发一个开放空间的项目？所以，埃德尔曼及其同事根据新的情况对旧规划进行研究，他们发现随着城市的扩张，需要建立 140 英里长而不是 40 英里长的环形路。但是，原有的理念并未改变——通过步行道和自行车道将一系列公园连接起来。

每个人都认为这一新的方法（指的是实际长达 140 英里的"40 英里环形路"）非常棒——只有一位拘泥于字面解释的人认为这个名字需要改变。州立公园的人们也认为这个提议很棒，波特兰的官员、城郊地区政府、联邦部门、市政团体以及环保主义者等，也持相同的意见。最终，75 年后，波特兰人集体拍打自己的额头，恍然大悟地惊叹到："多好的主意！为什么之前我们就没有想到呢？"今天，作为一项市民运动，这个项目越来越接近环形路，最终，它将连接波特兰大都市区域内的 30 个公园。

为了对日益分散的辖区、城市区域予以不断的关注，埃德尔曼及其同事建立了一个非营利组织——40 英里环形路基金会（40 – Mile Loop Trust）。这种方式能够协调政府机构和联邦、州以及市政等部门。土地基金会的目的不仅仅是保持关注度，同时，还要建立一个灵活度较高的区域性的非政府机构以筹集资金，通过捐赠获得土地（结果也证实了这确实是一个非常合适的政府组织），并为保护环形路的连接性提供规划标准和指导思想。

土地基金会曾在早期做过一个重要的决策，委托规划单位编制了一个 40 英里环形路总体规划（40-Mile Loop Master Plan）。埃德尔曼提到，这一规划向土地基金会提供了可靠的支持，同时也提供了协调 13 个重要的政府实体部门行动的理想途径，这些政府实体部门的决策能够推进或者废除这一项目。因此，土地基金会已经成为"信息传递中心"，正如埃德尔曼所推行的那样，因为政府部门"不情愿或者很难实现彼此之间的对话"。他们借用亨利·基辛格（Henry Kissinger）在中东部的技巧实践了一种穿梭外交。因此，当像美国陆军工程兵团（U. S. Army Corps of Engineers）的机构需要与马尔特诺马县规划委员会（Multnomah County Planning Board sultanate）合作，埃德尔曼的团队就能够促进参与者互相合作。这项工作的完成是建立在专业基础以及在环形路所在州举行的正式季度会议（包括展现和陈述等内容）之上的。

　　最近土地基金会的一项交易决策对涉及一个 12 英里的废弃铁道路权进行了挑战——该路段能够沿着南部边缘连接整条环形路，从波特兰的郊区一直抵达中心地区。铁路所有权归太平洋联盟（Union Pacific）和南部太平洋（Southern Pacific）［分别是玛丽（Mary's）和金贝尔（Gimbel's）的铁路经营公司］共同所有。相对于其他公共部门来说，这两家运输公司很难在谈判桌上谈拢。但是土地基金会成功地将它们联合在一起，埃德尔曼说："这可谓木已成舟。"

　　自从 20 世纪 70 年代末 40 英里环形路概念重新提出，埃德尔曼和他的同事们主持了 140 英里中超过 70 英里的路段，为该绿道筹集了超过 200 万美元资金。这个数字是最初预计的 10 或 15 倍。埃德尔曼希望这条环形路在 1995 年得以完成。在 92 年的等待之后，里克和约翰对 40 英里环形路充满了激动——即使他们不知道该如何称呼这条绿道。

图 15　大瑟尔视域（Big Sur Viewshed），蒙特雷县，加利福尼亚州

*16*

绿道具有各种各样的尺寸和用途，漫布美国国土。在加利福尼亚州，壮美的大瑟尔海岸（前面图）被作为1号州级公路沿线的视域范围受到保护

图16　在康涅狄格州，多条乡村风格的游径蜿蜒穿过雷丁绿带（Redding Greenbelt），其中的一条通向了当地著名的"大型平台"（Great Ledge）

图17　罗利绿道（Raleigh Greenways）主要用于学校远足之用

图18　被称为罗利绿道之父的景观建筑师比尔·弗卢努瓦（Bill Flournoy）。罗利绿道，可能是美国最早的现代绿道系统，它起源于一篇硕士学位毕业论文。罗利项目的目标是截至2000年，建成200英里的连接步道

图19　罗利绿道也可以作为穿过卡罗来纳树林的步道

*17*

*18*

*19*

20

21

22

图20  哈得孙河谷绿道作为一个雄心勃勃的绿道项目得以建立，目的在于通过避免侵害性开发以拯救"美国的莱茵河"

图21  克拉拉·索尔（Klara Sauer）组织了超过100个市政团体以支持整个项目

图22  铁路是哈得孙河谷绿道长期规划中的一项因素（尽管公用道路仍在使用）

图23  志愿者在铁路高架桥上工作。这是一条典型的遗产游径，这条废弃的公用道路穿过了艾奥瓦牧场景观地区。绿道早期的反对者烧毁了9座类似的桥梁，现在这条游径每年有上千名远足者和自行车运动者使用

图24  遗产型游径沿线乡村商铺设置的使用者登记处

25

图25　圣路易斯市公共关系专家阿尔·福斯特（Al Foster）与规划者苏珊·塞奇威克（Susan Sedgwick）

图26　阿尔·福斯特通过"清洁溪流行动"（Operation Cleanstream）拯救了他所挚爱的梅勒梅克（Meramec）河，该溪流行动促成了密苏里州108英里梅勒梅克绿道的建成。这个项目通过每年的大竹筏漂流活动（Great Raft Float）筹集资金

图27　波特兰地区，俄勒冈州的"40英里环形路"，源自1903年奥姆斯特德兄弟——约翰·C·奥姆斯特德和小弗雷德里克·奥姆斯特德的设想，已经成为一条长达140英里的绿道，延伸到遥远的森林地区

图28　"40英里环形路"延伸至城市公园

26

27

28

图 29　在图森（Tucson），另外一条长达几英里的绿道以保护构成城市形态的洪水沙漠水道为基础而建成。即皮马县河流公园（Pima County River Parks），图森，亚利桑那州

# 第4章

# 穿过城市的河流

> 伟大而雄伟的密西西比河，潮汐汹涌，在阳光下闪烁；河对岸是茂密的森林；从城镇上游到下游，整条河的景色就像是一片宽广的大海。
>
> ——马克·吐温（Mark Twain）
>
> 《密西西比河上的生活》（Life on the Mississippi）

我们重新发现了这条位于城市的河流。在这里不谈及河流在国家的地位，不谈及河流属于哪种类型，也不谈及河流的历史（不管是糟糕的，还是更好的，正如我们会看到的那样），我们满载着好奇与热情，去探索、去发现——正如年轻的萨姆·克莱门斯（Sam Clemens）沿着密西西比河穿过汉尼拔地区一般。探索的结果之一就是我们需要利用城市河流绿道的实际措施来恢复这条穿过城市的河流。按丹佛普拉特河绿道创始人乔·休梅克（Joe Shoemaker）的话来说——普拉特河绿道（Platte River Greenway）就是这样一条绿道，它将河流返还给了沿岸的人民。

人们似乎对此理念异常兴奋。比如，在图森（Tucson），沿着里伊托（Rillito）的绿道在向公众开放的几天之内成为人们最广泛使用的公园场所。在这个国家的旧绿道或新绿道上每天都在发生着同样的故事。休梅克的普拉特河绿道的使用者达到150000人/年，因此成为丹佛地区使用频率最高的游憩设施。在萨克拉门托（Sacramento），市政和保护团体成功地进行了一场代价极高的关于美国河流公园道（American River Parkway）的诉讼，从而在1963年就开始了一个绿道项目建设，其目的是避免州区域范围内的水资源被用作农业灌溉。该举措意在保持穿过城市最美丽区域的河水水位。州官员没有预料到这么多人会关注此事。当一条城市河流重新回到人们的生活中时，它依旧保留着原有的风貌。怀俄明州的卡斯珀（Casper，Wyoming）曾在20世纪80年代中期石油价格一泻千丈的时期发生了严重的经济危机，导致占人口30%的白领人员大批下岗，但是当地的绿道项目［即普拉特河流公园道（Platte River Parkway）］不仅得以留存，还得到了较好的发展。

请允许我说些离题的话题。当我去考察卡斯珀项目——一条穿过城市中心长达4英里的绿道——的时候，我住在附近的一家汽车旅馆。当初驾车经过时，我感觉这家旅馆大得像一个完整的购物中心。当把车停在一个豪华的停车场后，我走进了大堂，里面比较奢华，铺设有长达数百码几英寸厚的地毯以及水晶的吊灯；耳畔环绕的是缓缓的轻音乐；光滑的黄铜器皿在阴暗角落里闪闪发亮，氛围和谐而宁静。这一如此豪华的场地使我觉得自己应该取消预定，寻找最近红屋顶的旅馆或者6号汽车旅馆——就像商业广播中说的那样，那里总会为你留一盏灯，也不用太介意靴子沾了什么东西。我想了解一下房间的价钱，还未开口，桌旁的一位印度人（或者巴基斯坦人）带着浓重的剑桥口音询问着与我同样的问题。"28.5美元，先生。"服务员回答道。这一回答让人哑口无言，以至于我迅速想到濒临破产的能源发展热潮。服务员说道，在繁荣的日子里，如果你刚好能够幸运地预定到一间房，价格为 150 美元。如果没有事先预定或者恰好遇到国际会议召开，你可能会租到舞厅内的一张帆布床，价格为 40 美元/晚。

这个故事与绿道之间的关系在于——在这一低迷时期，普拉特河流绿道的开发并未停止，只是忽视了经济危机的影响。当我们在绿道上游览的时候，项目负责人克里斯蒂·阿克斯（Kristi Akers）告诉我："你所能看到的一切，都是出城货车的后车尾。"无论如何，项目的资金没有中断。在当地法律的约束下，城市营业税（1%）被强行纳入到市政改建项目的资金中，政府每年都会选出一份优先项目的名单。很多绿道官员（他们的工作主要在一个私人土地信托的指导下进行，该信托组织接受公共资金、捐赠以及基金会专款）担心在供过于求和 20000 人离岗之后，这个项目将会在资助清单中排到最后一位，而事实与这一顾虑恰恰相反。公园道仍然获得了优先权，并以补偿的方式和社区激励的方式从阿莫科（Amoco）石油公司接受了捐赠的资金和土地以继续进行建设工作。

克里斯蒂给我介绍了一部分仍在建设中的绿道——卡斯珀的经济艰难恰好在这段道路中得以证实。在那里，我们遇到了一名无家可归的流浪汉，他在河流沿岸的桥墩下安家。在人们都离开城镇以及成立了一个新的委员会之后，阿克尔（Akers）获得了现在的工作，她说："我不会告诉任何人关于这名流浪汉的事情，无论如何，在冬季的时候，他不得不离开这个地方。"在怀俄明州的这个地区，市政领导对于在全球性石油危机遭受重创的人们依然保持着一种宽容的态度。住在桥下的流浪汉，可能是我们中的任何一个。对我来说，那位流浪汉目前的待遇使我感悟更深——市政委员会的绿道项目竟然能够产生如此之大的影响力，甚至是在这样一个荒凉的卡斯珀。尽管城市中有很多社会需求，但是首当其冲的应该是人们感知城市美好未来的需求——普拉特河流公园道正是这个光明未来的象征。

当然，河流具有很多实用性价值。自从人类社会起源，河流就赋予沿岸居民多种多样的祝福：家庭饮用、庄稼灌溉、喂养牲畜；作为人类通行和货物运输的交通路线；提供食物，包括鱼类、贝类、猎禽以及被吸引至河岸沿线和浅滩的其他动物；是的，河流还可以使一个社区几乎毫不费力地净化自身。

我们毋庸置疑，大型城市也是在河流沿线兴起的。城市与河流之间有着割不断的联系。城市建设者们时常忘记河流具有它自身的逻辑——但不一定是城市经济的逻辑。当城市人群与河流的距离太近或者过于密集的时候（这是城市建设者五千年的习惯），灾难和疾病就会随着洪水及其所带的废水接踵而来。就大多数城市的发展历史来说，对于灾难和疾病，人们只能逆来顺受。但是，在最近的时代，河流的经济作用被铁路和公路以及其他水和食物的替代资源所取代了。此外，堤坝和管道的修建可以减少洪水的侵害，所以，河流只能够作为下水道而存在了。

让我们以一条流经一个远离怀俄明州的中型城市、中等大小的河流为例。这条河名为弗伦奇布罗德（French Broad），它沿着北卡罗来纳州的蓝岭山脉侧翼蜿蜒，向北流过皮斯加山国家林地（Pisgah National Forest）——美国国内第一个国家林地。弗伦奇布罗德河（名字来源于殖民地时期，原因在于它流经的地区由法国控制）流入了范德比尔特家族（Vanderbilt）的房产：比尔特莫尔庄园（Biltmore），这片土地为老奥姆斯特德在他最后的职业生涯（1888—1895 年）期所设计。离开了比尔特莫尔庄园之后，在其与田纳西河以及马克·吐温故居前的密西西比河汇流之前，河流穿过阿什维尔城流经了约 5 英里的里程。

切罗基人（Cherokees，北美印第安人之一族）称这条河流为朗曼（Long Man）。维尔玛·迪克曼（Wilma Dykeman）在撰写弗伦奇布罗德河流的历史时提到："谁的头曾枕在山脊，谁的足曾驻停在谷间，谁不曾被它的条条支流所哺育？"弗伦奇布罗德上游的自然和历史文化十分丰富多彩。不过，有一段城市历史并不如此动人。比如在 1951 年 9 月 15 日，阿什维尔的《时代》曾报道过这样一条新闻："目击证人［来自北卡罗来纳州野生动植物资源部门（North Carolina Wildlife Resources Department）］告诉调查者，昨晚流入弗伦奇布罗德河的小溪流充满着肮脏的泡沫，鱼儿拼命地挣扎寻求洁净的河流。在这样的河口处，18—20 英寸长的鳟鱼很难进入小型的沙洲，它们往往在支流就衰竭而死。如今的河流与往常的河流没有什么不同。它依旧是暗黑的颜色，并浮有成片的泡沫。不同之处在于水面上出现了有气无力挣扎着的鱼群。"同年后期，一位美国鱼类和野生动物局（U. S. Fish and Wildlife Service）的科学家曾获取受到污染的弗伦奇布罗德河的河水样本进行测试。他发现，放入样本中的一些鱼类在不到 1 分钟的时间内都死亡。

接下来的 25 年中，弗伦奇布罗德河仍旧发生了很多起类似的事件。在这方面，这条河流与美国其他一些河流类似。比如，1967 年，约 100 万灰西鲱（alewives）死在哈得孙河的臭名昭著的奥尔巴尼（Albany）池塘。这些池塘积淀了太多来自奥尔巴尼、特洛伊城（Troy）以及周围城市的污染物，以至于该地区河流中的生物在一年中的多个季节都无法存活。正如环保主义者——记者罗伯特·博伊尔（Robert Boyle）所说的那样，"秽物不断增加，在关于池塘问题的州级听证会上，一份报纸将该现象形容为'男人们咬紧了牙关，女人们离开了房屋'。"谁能忘记克利夫兰（Cleveland）的凯霍加河（Cuyahoga River）呢？在 20 世纪 60 年代，它受到了严重的石油污染，作家威廉姆·朗戈（William Longgood）同时期的阐述是"它经常性的引发火灾，需要防火屏障以及消防巡逻队。"

在城市环境最糟糕的年代，发生河流被废弃、忽视等事件并不稀奇。当河流成为一代人或者几代人的下水道时，城市将远离河流，留给河流的是逐渐荒凉的建筑、固体废弃物，充满垃圾的工业景观，破烂不堪的公寓。当都市区域的每个地方都为新一轮的开发而狂欢时，河流沿岸往往被遗忘了。

但是，对于绿道建设者们来说，之前人们对河流滨水区的忽视有时是最好的事，原因在于当河流被清洁之后［由 1972 年出台的联邦水污染控制修正法案（Water Pollution Control Act Amendments of 1972），也称为水净化法案（Clean Water Act）提供的无偿资助，以及州级债券发行，来改变水的质量］，就可以进行绿道建设了。在克利夫兰和阿克伦城（Akron），有着国家公园系统中的一个单元——凯霍加国家游憩区（Cuyahoga National Recreation Area）。哈得孙河绿道项目（在第 3 章中介绍）提议沿着整条哈得孙河建立城市沿岸的开放空间，包括奥尔巴尼和特洛伊城的新的城市文化公园——位于臭名昭著的奥尔巴尼池塘附近。在这个开放空间，将建立新的滨河步道，旧的建筑物经过转变功能用于新的目的——包括一个巨大的特洛伊仓库被用于娱乐，更具体地讲，它被改造成了亨利·哈得孙船［即半月（Half Moon）］。

把城市河道建设为绿道具有一定的可能性，原因在于可以利用很多低成本的土地和有趣的建筑物（转变功能后重新使用）——如果仔细观察的话，从整体来看，河道基本是隐蔽的。当我研究弗伦奇布罗德河项目时，我安排了一个对该河流管理负责人的采访。商会（Chamber of Commerce）主管人员鲍勃·肯德里克（Bob Kendrick）在电话里告诉我行驶方向，他认为我可以很容易找到商会的办公室——会议将在那里举行。但是，我发现肯德里克街（Kendrick's street）要么在镇子的西部，要么在镇子的东部。基于目前广泛使用的"城市面向上风向"的理论，我选择了错误的方向——西部。在交叉地带来来回回之后，我终于抵达目的地，并对鲍勃·肯德里克讲述了我的迷路经历，他对我说："无论怎样，至少你看见了河流。"

"什么河？"我回答道。

某种程度上来说，这只是一个玩笑，因为直到现在为止，没有人看见过这条河流。当弗伦奇布罗德河流经城市的时候，它降至周围景观的下方，流入类似峡谷地带的低洼地区。这个交叉地带长约50英尺。你可以站在城镇的一个制高点眺望另一个制高点，但却看不到这条河流。所以，随着城市的增长远离了城市下水道 – 河流时，人们基本忘记了这条河流。鲍勃·肯德里克告诉我，他很惊讶于这条河流可以隐藏在阿什维尔城的视线之下，如此的葱茏、茂盛，保持着近乎原始的状态。这也就是为什么他与了解阿什维尔城的小团队能够敏锐地观察到这里的经济潜力，而其他人却只记得下水道的味道。

当商会委员会对如何吸引旅游者到阿什维尔过夜进行调查时，弗伦奇布罗德河沿线的绿道也开始了建设工作。旅游者希望到达城市的比尔特莫尔庄园——北卡罗来纳州西部访问量最多的景点——或者将城市作为游览蓝岭和大雾山周边的山川湖泊的基地。如果，商会将此景点作为典型旅游景点是合理的话，旅游者将会发现一处位于城镇内的吸引物，这样当地的商人就能够获得超过一晚的收益。但是他们在城镇里仅有的吸引物是河流。所以他们进行了实地考察。瞧，那里的景色还真不错。随后他们做了一些明智之事：邀请不同类型的市政组织加入到规划协会。其中一个重要的组织就是弗伦奇布罗德河基金会（French Broad River Foundation）。与以往的组织仅以商会成员为主不同的是，该组织的创办人员以环保主义者为主导。

据鲍勃·肯德里克说，这个项目的开发与两个主题概念同步。其中之一是"强硬的环境主旨。我们将可以饮用这条河流的水，该河流将为我们供给水源。同时，它位于城市区域的半农牧地区，这涉及利益问题。此外，一些开发活动还会带来相应的利益——这是另一个主题。所以吸引物可能包括交响乐队，或者类似于圣安东尼奥那样的滨河步道。"

作为一个城镇内部的滨河旅游开发项目，圣安东尼奥河滨河步道（San Antonio River Walk）似乎已经获得了大多数人的喜爱。据滨水中心公司（Waterfront Center, Inc.）出版的时事通讯——滨水世界（Waterfront World）——介绍，一个非营利顾问组织考虑到了这些问题，1929年，该步道被设想建成为圣安东尼奥沿线的城市节庆集市，沿岸将分布着"船舶，商店，咖啡馆，住宅，植物，照明设施"——一处为居民和旅游者提供体验的充满娱乐、浪漫的环境。河流步道最初的建设始于 20 世纪 30 年代，在 20 世纪 60 年代进行了重新建设和大规模的改造，之后，它成为美国滨水规划作品的典范。

回到阿什维尔，当听到绿道理念时，城镇里的每个人对于河流是什么都产生了不同的设想。受圣安东尼奥滨河步道影响，议员瓦尔特·博兰德（Walter Boland）提出了一个折中的方案，他曾对阿什维尔《市民时代》（Citizen Times）杂志的一位记者说过："我们看着这些独特的照明、标识、自行车道路、慢跑以及远足道路，本地树木、灌木以及花朵……位于河流东岸和西岸的散步道，通过跨越河流的桥梁连接起来。"

他继续说道："可以建一个户外的圆形露天剧场，在夏天进行话剧、音乐等演出……还有一个设想就是仿照坎贝尔民俗学校（Campbell Folk School）和潘连工艺学校（Penland School）建一个艺术家和音乐家的活动中心，使来这里访问的艺术家和民间音乐家能够充分利用滨河区现有的建筑物。此外，我非常感兴趣的是建立奥林匹克皮艇运动训练中心（Olympic training center for kayaking）……此外，在滨水地区建一个传统式的宾馆可能性极大。"还有人认为，对于一条贯穿城镇的长仅 5 英里、宽 100 码的河流来说，能够开展多种活动。

但是，开发到何种程度才是人们所期望的呢？弗伦奇布罗德河基金会出于保护河流的想法，与商会联合制定绿道规划，直到此时才考虑选择穿过乡村的河流而不是穿过城市的河流。基金会代表那些对鱼类和野生动植物感兴趣的人们。河边巨大的柳树弯腰垂向水面，河岸的自然开放空间可以转变为公园。正如基金会的主席琼·韦布（Jean Webb）所说的那样："这是河流对于历史和环境组织的要求。"鉴于此，这个基金会与初级联盟（Junior League）共同建立了海伍德公园（Haywood Park），这是绿道开始建设的标志。该土地来自铁路，只有几英亩，经过整理之后，配置了野餐区域，钓鱼平台以及停车场。结果，尽管这项行动较为谨慎，但却比其他规划理论或者宏伟的计划更能够阐述绿道的潜力。琼·韦布还说："我们发现，如果没有了我们组织的努力，那么花园俱乐部和其他组织也会提供资金和帮助——因为我们为之付出了切实的行动而不是空谈。"

此外，律师卡伦·克拉尼奥林（Karen Cragnolin）还做了其他具体的事情。卡伦是弗伦奇布罗德滨水区规划协会（French Broad Riverfront Planning Committee）的执行主管——该组织是商会下属的一个提供贷款服务的非法人性质的非官方财团，只对绿道的建设负有责任，但是没有其他的权利，原因在于人们对自己所认为的绿道类型难以达成一致。协会的开支和卡伦的兼职薪酬都从协会接受的捐赠资金支出。

正如卡伦所看到的，眼下的工作是鼓励更多直接的沟通和交流。她为了达到这些目的，采用的策略是将两项无偿专业性咨询项目结合在一起，即美国建筑师协会的乡村/城市设计咨询组织（American Institute of Architect's Rural/Urban Design Assistance Team，R/UDAT）以及一个类似于美国景观设计协会的社区咨询组织（Community Assistance Team，CAT）。这一策略在于将各个领域的专家组织到一起形成一个团队，共同工作 4 天，针对该区域存在的问题得出一个概念性的规划。这些都是免费的。

这两个咨询组织（R/UDAT－CAT）共同承担了弗伦奇布罗德河的项目，成员包括一位专业的景观建筑师、一位专业的城市设计师、一位专攻绿道的景观建筑师、一位区域规划师、一位专攻公共设施的建筑师、一位美国建筑师协会（AIA）官员、一位野生动物生物学家、一位注册建筑师、一位注册景观建筑师。在完成规划工作以前，该小组的成员要经过一个艰巨的实地考察以及几次公众听证会。规划团队的成员毫无私心，因为团队中没有来自阿什维尔市的人员，也没有团队成员在参与目前该市的相关项目。相反，该规划主要反映了市民的意见，资源的需求以及一群智慧之人的远见卓识。除了绿道本身沿河岸的特点之外，规划的一个关键特点还在于它利用了绿道的连接作用，将滨水区和市中心以及相邻地区连接起来，此外还有环绕整个城市的游径道路，就像俄勒冈州波特兰地区的40英里环形路。

眼下由琼·韦布和她的同事所进行的组合工作，与由卡伦长期经营的美国建筑师协会的乡村/城市设计咨询团队－社区咨询团队（R/UDAT-CAT）规划互相平衡，这对阿什维尔来说非常有效。已故的纽约区域规划师斯坦利·坦克尔（Stanley Tankel）曾经告诉我"行动驱动了整个规划"。这确实有道理。反过来说，也同样正确：规划指导行动，因为如果社区犹豫不决，那么行动的机会很容易就丧失了。技巧就是要使规划与行动同步——这一点肯德里克、韦布、卡伦·克拉尼奥林以及其他参与到阿什维尔河滨绿道项目的人都深有体会。

明确地说，阿什维尔及其他地区的绿道建设——尤其是沿着城市内部河流的绿道——能够给每个人带来最具创意的灵感，这也正是本书绿道世界章节所想证明的一点。考虑到这一点，请允许我再离题一下，说些趣闻轶事。当我准备去游览华盛顿州的亚基马河流绿道（Yakima River Greenway）时，在3A指导手册上看了看整座城市的概况，发现了一个以"在绿道上"为宣传口号的汽车旅馆。很显然，我不会选择别的地方。一进到房间里面，我掀开了屋子里盖着玻璃滑门的帘子。往往，人们可能会期望从这扇门望出去看到另外一扇玻璃滑门。但是事与愿违。在房间外有一个小小的平台，距此平台不到50英尺处有一条河流，那就是亚基马河（Yakima River），河段中有个小型瀑布，切断了玄武岩的山脊，哺育了这片干涸的土地。在沙漠上，即使是像亚基马这样的普通的河流，都会令人兴奋，尤其是近距离的时候。

第二天，我向迪克·安德沃德（Dick Anderwald）咨询，并告诉他有关汽车旅馆以及指导手册上的描述——他是亚基马县的规划主任，也是亚基马绿道基金会（Yakima Greenway Foundation）的现任主席。他告诉我，他所受理的需要审批的规划包括一些普通的、低价汽车旅馆，到处都有它们的身影，其房间往往面向公路。他说："我对旅馆的老板讲过绿道，并建议他们转变汽车旅馆的选址，增加滑动玻璃门，并朝向河流。这不是一件容易的事。这些人立刻表示赞同并为一条游径道路捐赠了永久的地役权。他们做的确实很棒。"第二天，退房的时候，我对柜台的女士说这是条非常棒的绿道。"哦，是的。我们的绿道，它是不是很棒？"我表示了赞同——它确实很棒。

最后的一点，在阅读了本章所讲述的城市河流绿道项目细节以及绿道世界章节的内容之后，我相信读者一定能够理解对于城市或城镇来说，有一条穿过城市的河流是多么的幸运，是多么有意义。从卡斯珀（Casper）到亚基马（Yakima），再到阿什维尔（Asheville），绿道以及类似的项目在修复河流以及保护经济和文化重要价值等方面，都获得了非同寻常的成功。城市滨河绿道创造切实的利益包括：新的工作岗位、新的税收和游憩机会，野生动物的保护，水质量的保护和提升。

　　不过，还有另一个不容忽视的意义。近 100 年以来，城市河流曾沦落到实现最低级的城市功能——下水道，重工业生产地，垃圾场所的地步。不可避免地，河流廊道变成了无人地带，它从经济和社会角度将城市分化——一边是穷人，一边是富人，而不是将他们结合起来。

　　今天，很多糟糕的功能都已被取代或者消失了。许多重工业重新选址，堆满垃圾的河口也已被清理（或可以被清理）。当城市认识到了这些严重问题时，在滨河地区建立绿道项目的压力也逐渐增大。之后，奇迹发生了。河流把城市里的人们连接起来而不是分离他们；原本疼痛的伤口开始愈合，城市也恢复了原貌。对于绿道行动，我无法想象出比这更具有说服力的理由了。

# 第 5 章

## 步道和游径

散步的时候，我们很自然地走进田野和森林；如果只是走进了花园或者商场，那么，我们将会怎样？

——亨利·戴维·索罗（Henry David Thoreau）

有些人，常常能在游径的起始点或者穿越森林的小道时，发现道路的弧线在视野之外蔓延，美不胜收。索罗和华兹华斯（Wordsworth）都是这样的人。今天，我和你也能成为这样的人。当然，这是一个浪漫的理念，因为在工业时代，到处都是安排有序的空间（organized spaces），这些空间往往是正方形且极具意向性的。有时候我们只需沿着小道步行或者骑自行车出发，小道就会引导我们到达某地。对我来说，这是绿道的另一魔力。但事实上，并不是每一条绿道都有着小道或者游径，而且严格意义上，对于那些依赖于自然土地形式而存在的绿道来说，并不是所有的小道和游径都是绿道。但是，当小道与自然景观连接时，它们的和谐统一就足以对我们的想象力产生强烈的冲击。当我们跨过草坪，踏上一条沿山脊线的小道或者沿着草地抵达溪流沿岸的时候，即使普通的景观也会变得异常美丽。正如索罗所描写的那样，"在家乡的田野上，步行的人们往往会发现这就是他们心中向往的地方。"

正是这些情感赋予了美国户外运动协会报告（Americans Outdoors，1987）的作者以灵感——这是一部总统委员会在休闲方面的报告（在前几章有讨论到），它对尚未成熟的绿道运动起到了重要的凝聚作用。报告的作者抛弃了官僚主义的谨慎作风，他提道："我们有一个愿景，使得每个人都能够轻易通往自然界。"他描述："美国的绿道从社区出发、环绕社区并穿过社区而存在。"其目的在于利用一些地区，包括：位于河畔的、不适于开发活动的洪泛平原河道区域，被废弃的铁路路基以及运河牵道（towpath），高压线路及排水管道等公共线路，人迹罕至的旧道路，即将开建的道路，土地开发商们被强制贡献的游憩用地，散布的山脊开放空间——总之，就是任何可以利用的建设绿道的线性空间，提供一系列的小道和游径，跨越并连接着美国的大都市。

最早的现代绿道之一，是极具创意的斯塔滕岛绿带（Staten Island Greenbelt）。它以公用线路的转化为基础，具有许多绿道——游径项目的典型特征。❶ 但是对于大多数绿道——游径项目来说——同时这也是很多绿道中游径建设的特点，它显示了一条简单游径是如何提升沿线开放空间的公共价值和所有公用设施价值的。正如先验论者索罗所坚持的那样，这些空间比其仅仅作为资产握在所有者手中时变得更具活力。

---

❶ 正如我在早期的命名讨论中所提出的那样，纽约的斯塔滕岛绿带（Staten Island Greenbelt）并不是一条真正意义上的绿带。在本案例中，"绿带"近似于1963年里士满县（Richmond County）行政主席阿尔伯特（Albert I. Maniscalco）所主持的项目。他曾在鸡尾酒会上听到这个词，曾认为它过于正式，但这无伤大雅，就如同玫瑰不管叫什么名字都能表达出人的爱慕之心一样。

如很多其他项目一样，斯塔滕岛（Staten Island）项目在起步阶段遇到了问题，那些偏僻的珍贵林地差点被卖掉了——这个地区沿着较低悬崖的山脊线延伸，然后在斯塔滕岛屿中心地区攀升。1963 年，这块称为洛克高地（High Rock）的土地被美国女童子军团（Girl Scouts of America）提出以房地产的价格出售，因为美国女童子军团拥有这片土地所有权的 12 年内，土地价格飞涨了 30 倍。相关组织进行了一项成功的活动，以吸引纽约市民购买洛克高地露营地（High Rock Camp），并把洛克高地转变为洛克高地自然中心（High Rock Nature Center）以作为全纽约儿童的教育基地。但是这一交易并未达成，因为洛克高地的土地保护者们听说过罗伯特·摩斯公路项目（Robert Moses Highway project）——即里士满公园道（Richmond Parkway），就曾进行了这样的规划，将其南缘线沿着新设施的边缘向右延伸。但是，自然中心的理念无法很好地适应源源不断的交通流量。

洛克高地的提倡者们将注意力投向了别处。他们询问自己：我们是否能够既停止道路的建设，同时又将公用线路作为保护整条山脊的关键部分？然后，斯塔滕岛的保护者开始将 4.7 英里长、300 英尺宽的自然林地、池塘与湿地、林间空地（最初是为一条公路获取的）转变为开放空间廊道。该廊道能够连接起斯塔滕岛其他重要的开放空间，比如斯塔滕岛植物园（Staten Island Arboretum）、考夫曼露营地（Kaufmann Campgrounds）——为城市贫困阶层的犹太年轻人而建，威廉童子军夏令营（William T. Pouch Scout Camp），里士满俱乐部（Richmond Club），摩拉维亚公墓（Moravian Cemetery），新的洛克高地自然保护中心（High Rock Nature Conservation Center）以及拉图雷特公园（La Tourette Park）。结果，该廊道保留了纽约城最大的一片未开发自然区域，它的面积有 3000 英亩，相当于中央公园的四倍。

1966 年，在一次为庆祝洛克高地自然区域被规划为城市设施的会议上，公路-游径的问题被戏剧性地提了出来。州长尼尔森·洛克菲勒（Nelson Rockefeller，已故）主持了整个官方仪式，纽约州和纽约市的很多显贵人物都出席了会议。出席这次会议的还有斯塔藤岛影像艺术家兼业余演员罗伯特·哈根霍弗（Robert Hagenhofer），他具有莎士比亚式的表演风格以及极具讽刺意味的灵气。当州长演讲结束时，罗伯特用连最远座位都能听得清的声调说："州长先生，有人提议要立即在这美丽的区域旁建立州级公路，所以，我们今天来到这里，进行全力拯救。"他停顿一下，屋子里顿时安静了。他做了一个较为夸张的动作——指着讲台黑板上洛克高地地图中那条颇有争议的公路的位置。他提高声调，手指指向上面："州长先生，我的问题是，有什么理由一定要在这片美丽的林地旁建设这样一条道路？"随之罗伯特把手掌高举，就如同祈求神灵认可——认可他的想法有多么的疯狂一般，然后回到了座位上。

结果，州长先生被难住了，他建议罗伯特去咨询州级公路委员会。罗伯特也确实这样做了，不过，他和他的同事很清楚公路建设实权是掌握在罗伯特·摩斯（Robert Moses）手中，而摩斯并不喜欢别人干涉他的权利。当就职于罗伯特所在的市民组织——斯塔藤岛市民规划协会（Staten Island Citizens Planning Association）——的律师特里·本博（Terry Benbow）提出一个诉讼来阻止公路建设时，摩斯并没有把这些抗议当回事，他藐视拯救山脊的行动，并狡猾的声称如果缺乏道路文明的影响，公园土地将被用来收留所有的小偷、罪犯、流氓等。作为绿带项目的领导者，记者和作家约翰·G·米切尔（John G. Mitchell）曾写道："有一些人把绿带视为火灾的危险源，而将公园道视为有效的防火墙。一些人认为（罗伯特·摩斯曾在 1967 年 6 月 29 日提到）将绿带作为自然区域进行保护很可能将它变成'纽约最危险的地方'，这些人——比如摩斯，如果没有所有的信息渠道，他们是无法想象出任何有效的户外游憩方式的。"

罗伯特·哈根霍弗、特里·本博、米切尔（Mitchell）以及其他像迪克·比格勒（Dick Buegler，他曾经作为市民领导者致力于这个项目的时间几乎比任何人都长）一样的人们，通过努力促使公路建设搁浅了 20 年，这项拯救工作一直没有停止，虽然进行过程中很多早期绿带拥护者相继去世——包括洛克高地的拯救者格雷塔·莫尔顿（Gretta Moulton），组织里的另一位律师弗兰克·达菲（Frank Duffy），或者离开——比如后来去康涅狄格州的米切尔和去新泽西州的罗伯特·哈根霍弗。

但是，还有一位重要人物已经去世了 60 年之久（享年 90 岁），甚至在项目开始之前就已过世——那就是弗雷德里克·劳·奥姆斯特德。景观建筑师以及绿带活动家布拉德福德·格林（Bradford Greene）发现奥姆斯特德在 1871 年就已提议为此山脊建设一个线性公园。之后，人们开始呼吁从公路建设者手中拯救绿带，即沿着被提议的、不受青睐的里士满公园道的路线建设奥姆斯特德游步道（Olmsted Trailway）。这一技巧是在游径沿线策划频繁的绿带徒步活动，并邀请能够吸引公众及媒体注意的显贵人物和名流参与其中。

这项具有仪式性质的徒步行走活动具有悠久的传统，颇具荣誉感——由最高法院法官威廉·O·道格拉斯（William O. Douglas）进行了最有效的表达。他从 1954 年开始，指导了华盛顿特区与马里兰州坎伯兰之间的切萨皮克（Chesapeake）及俄亥俄运河（Ohio Canal）沿线的多条步行道的建设；这条华盛顿与坎伯兰之间的线路在 1961 年被认定为国家历史遗址（national monument），在 1971 年成为了国家公园。最初的时候，奥姆斯特德游步道上的远足活动并未如此隆重，但是 1988 年发表于《斯塔滕岛发展》（Staten Island Advance）的一篇绿带怀旧文章，谈到步道"从国家环境组织——比如谢拉俱乐部（Sierra Club）、奥杜邦协会（Audubon Society）、阿巴拉契亚山脉俱乐部（Appalachian Mountain Club）中——获得了支持，并由知名人士领导，比如美国内政部秘书斯图尔特·尤德尔（Stewart Udall）、参议员雅各布·贾维茨（Jacob Javits）以及纽约市长约翰·林赛（John Lindsay）"。作为项目中一个微不足道的参与者，本书作者亲身体验了很多徒步活动。一些绿带拥护者，因为特立独行的理由，喜欢在冬季组织上百人沿着奥姆斯特德游步道徒步行走 0.5 英里左右，以此补充精力，增强体质。有一次，那是一个冰雪融化的春季——在斯塔滕岛再普通不过的日子——在远足日（周日）的凌晨，天空突然下起蒙蒙的小雨，随后一阵寒流突然袭来，冻结了一切。直到上午 10 点左右，步行者来到了游径，寒气不仅仅使得树林和灌木的枝丫被冰块冻结，同时也给游径带来一层如珠宝般的冰层：在牛尾菜藤（catbriar）和葡萄藤上结出了小如钻石般的水滴，形成了亮晶晶的花环，照亮了小道。景色美极了。

今天，斯塔滕岛绿带周围都是游径，而那条偶然被称为奥姆斯特德游步道的游径已经不再被提起。不过我认为，恰恰是这条游径的理念以及这条游径使得项目冲破一切异议得以成功——实实在在的成功。在 1984 年，绿带成为一座城市公园；1989 年，曾经串联起这座城市公园的公园道在官方地图上渐渐消失。回头想想，这个成就几乎是不可能达到的，就如同哈罗德（Harold）赢得了黑斯廷斯（Hastings）战役一般。诺曼人 1066 年的入侵行为不亚于 1966 年罗伯特·摩斯的阻碍行为，因为从公共事务的角度讲，摩斯在纽约市和纽约州都具有不可小视的权利。之前，他几乎没有在任何关于公路的战役中失过手，但是这一次例外。

在某个地方，一定存在着某些关于游径之魔力的信息。

尽管没有得到如同皇室般权威的势力加以保障，但是，以纽约的现象为例，绿道游径确实体现出连接开放空间并使其具有多样化的作用与功能。布鲁克林 – 皇后区绿道（Brooklyn – Queen Greenway）连续穿过了 40 英里的公园和公园道、公墓、植物园、动物园、博物馆、高尔夫球场以及其他公共或准公共开放空间。来自纽约邻里开放空间协会（Neighborhood Open Space Coalition of New York）的规划师汤姆·福克斯（Tom Fox）运用想象力将这些开放空间连接起来（参见第 9 章）。同样的案例也出现在俄勒冈州波特兰地区的 40 英里环形路绿道。那里，阿尔·埃德尔曼（Al Edelman）和 40 英里环路土地基金会的同事（参见第 3 章）能够将众多政府部门、公共事业部门和公司等组织起来建设一条长达 140 英里的环形路——比最初的规划整整长了 100 英里，最初的项目于 1903 年由奥姆斯特德公司提出，但是从未彻底实现过。有一条游径连接了以下地区：森林公园（Forest Park），该地最初为建筑用地，因为拖欠税款而被归还给市政府；哥伦比亚湿地（Columbia Slough）沿线珍贵的联邦土地，这里的游径位于排水沟之上，不再需要美国陆军工程兵团（U. S. Army Corps of Engineers）进行疏浚；还有各种城郊公园、保护湿地，以及最近刚刚达成协议由开发商捐赠作为最后一站的郊区开放空间——该空间来自 10 英里长的废弃铁路。

一条成功的绿道并不总是需要多样的线性土地资源。有时候，游径来自捐赠或者购买的私人土地，比如佛蒙特的斯托休闲步道（Stowe Recreation Path）。在这个颇受欢迎的滑雪度假胜地，前时装模特、不屈不挠的公民领袖安妮·勒斯克（Anne Lusk）在"脊部土地"（back land）之外创造了一条游径，这条游径远离主干道并穿过斯托（Stowe）城，为这一狭窄绿色山谷中的乡村居民提供了步行道和自行车道。

但是，大部分以游径为基础的绿道倾向于利用公共路权——而建设这些公路时，最初并非出于游憩的目的。斯塔滕岛绿带就是一块最初按照公路设计的带状土地。对于布鲁克林区—皇后区绿道来说，主要的连线是公园道的森林边界，这些连线由奥姆斯特德和摩斯创建。在波特兰，40 英里环形路能够得以完成，主要是依赖于哥伦比亚沼泽湿地（Columbia Slough）沿线的联邦堤坝和废弃铁路。

在美国，很多滨水绿道游径都源自一项通行权——至少是其中一种。公众通过划分出应避免开发的泛洪地区以保障他们的权利，该举措的实用意义在于考虑到与洪水相关的公众健康、安全和经济等问题。如同在梅勒梅克河绿道（参见第 3 章）中所详述的那样，市政部门无法利用联邦洪水保险措施来修复受到洪水侵害的建筑物。因为从大部分司法管辖区的案例来看，在一次百年一遇洪水发生时（1% 的可能），被划分的廊道所组成的土地将会被浸没，尽管在某些地区淹没范围会更宽。比如在新泽西，洪泛区条例考虑了百年洪泛区以及两侧各加宽 100 英尺的范围。此外，许多地方不允许在陡峭的斜坡或距离山顶一定距离内进行开发。当这样的斜坡与一条溪流道相关联时，将有更多的土地拥有水文通行权（hydrological "right-of-way"）。

尽管上文提到的通行权——公众通过划分出应避免开发的泛洪地区以保障他们的权利——不意味着公共通道，但是，土地除了作为分洪河道已经不能另作他用。因此，私人所拥有的泛洪区是主要的绿道游径备选区，因为游径的地役权可以以较为合理的成本获得，原因在于这些土地作为居住区或者商业房地产只具有边际价值。在许多开发区，根据规定，开发商将为公众贡献出一条溪流沿线的游径地役权，作为强制预留的休闲或开放空间土地。

非常巧合的是，最适合于改建为绿道游径的是那些古老的运河，比如新泽西州的特拉华（Delaware）和拉里坦（Raritan）运河，华盛顿特区的切萨皮克运河和俄亥俄运河（Chesapeake and Ohio），北伊利诺伊的伊利诺伊和密歇根运河（Michigan），罗得岛（Rhode Island）的黑石运河（Blackstone Canal）等等。这些运河不仅历史悠久——从它们的船闸以及船闸管理人所居住的房子就能够看出，而且往往与河干道并行，因此保护着相当宽广的带状滨河开放空间。在一些适当的地方建设一条游径也是相当简单的事，因为那些古运河虽然被废弃，但游径仍以牵道（towpath）的形式存在。游径的路面往往很光滑，即使没有铺面，也适用于自行车骑行。今天，在天气晴朗的周末，法官道格拉斯（Douglas）所指导的沿着波托马克河而建的切萨皮克和俄亥俄运河牵道（C & O towpath，C & O 为切萨皮克河和俄亥俄运河的简称——译者注）往往挤满了自行车。沿美丽的特拉华河沿岸，D & R 运河（特拉华和拉里坦运河）也出现了同样的状况。这些古老运河已经成为州或者联邦公园。C & O 成为国家公园，D & R 成为州立公园，伊利诺伊和密歇根运河（参见第 9 章）情况较为复杂，属于州管理的国家历史廊道——在后面章节我将进行详细阐述。这些亟待被转变的运河——比如特拉华和纽约州的哈德孙运河——并不是很多，但是却无一例外地具有最高优先权。

废弃的铁路线路是另一种适合转变为绿道的道路。20 世纪 60 年代，将废弃铁路转变为游径的运动在国家范围内开展起来。❶ 早期的支持者是备受喜爱的中西部的自然主义者梅·T·沃茨 [May Theilgaard Watts，经典自然指南《阅读景观》（Reading the Landscape）的作者]，他曾于 1963 年向《芝加哥论坛报》（Chicago Tribune）递交了一封信，提议建设伊利诺伊牧场小道（Illinois Prairie Path）。沿着芝加哥奥罗拉岛及埃尔金的废弃铁轨，梅·T·沃茨在该地区发现了高草牧场生态系统的植物，这种植物在伊利诺伊州非常罕见，因为该地区原有的黑土地已经长时间用于种植玉米和豆类植物。

事实上，美国中西部以北地区产生了很多铁路改变为游径的项目。另一个较早的转变案例是 1966 年建成的埃尔罗伊 – 斯巴达游径（Elroy – Sparta Trail），该项目穿过古老芝加哥，西北段穿过威斯康星西南部的乡村地区，共有 32 英里长，凭借美丽的铁路轨道，该游径在国内闻名遐迩。共有三条，其中最长的一条达到 3810 英尺。威斯康星州有着 444 英里的游径，其他拥有几条长度较长的游径的州级行政区包括明尼苏达州（296 英里）、伊利诺伊州（203 英里）、艾奥瓦

---

❶ 很显然，自从铁路开创以来，废弃铁路的路权就开始作为步行交通。但是，作为国家游憩政策的组成部分，很难追溯 20 世纪 60 年代之前铁路 – 游径转化的起源；在 1956 年的时候，铁路乘客大量减少，航空成为主要的交通方式，州际公路网络开始走上了历史的舞台，大量的铁路迅速被废弃。

州（164 英里）。在西海岸，华盛顿州的游径最长（有 299 英里——尽管加利福尼亚州也有很多游径项目）；在东部，宾夕法尼亚州位列第一，游径里程达到 167 英里。1989 年，从原有铁路转变为游径的总长度达到 2701 英里。华盛顿铁路－游径管理委员会（Washington-based Trail-to-Trails Conservancy）每年对这类数据进行统计。该管理委员会建于 1985 年，由全美国各地的环境保护者和户外游憩领导者组成，是一个拥有 55000 个成员的国家级组织。其目的是作为铁路—游径的信息交换所和推广组织。事实上，作为绿道资源基础的铁路，闲置很多，每年都要废弃3000 英里。20 世纪 20 年代在全国范围内，铁路轨道里程达到了极致——272000 英里；到了 21世纪初，只有三分之一的铁路需要保留下来。

在美国，虽然铁路－游径的转化成本很高，法律问题复杂，且充满争议，但是上千英里的铁路都需要完成这一过程。如果一个铁路公司完全拥有铁轨路基所在土地的所有权（相对于其他人拥有土地的通行权而言），且这片土地位于主要的城市地产区域，即使能够负担得起土地价格，游径使用权的收购成本也非常之高。大量的案例说明游径建设者对于铁路土地的出售所知甚晚。总体来说，当一条铁路的通行权被出售时，州际商务委员会（Interstate Commerce Commission）允许地方和州政府在 180 天内为游径用途提出一个报价。之后，就是等待出售。但是，这种情况只存在于铁路为州际商会（Interstate Commerce Commission）所利用的时代。在铁路的支线和岔线区，铁路公司坚持它们的权利，在未通知公众的情况下私自出售土地。

1988 年，在未通知公众的情况下，发生了一起类似的交易。著名的伯克－吉尔曼游径（Burke-Gilman Trail）购买了一些关键地块，其中一段是穿过西雅图居住区（Seattle）和华盛顿大学（University of Washington）的长达 12 英里的慢跑和自行车道。每年，超过 750000 的人使用这条游径进行锻炼、交流和购物等活动，但是在北伯灵顿（Burlington Northern）——游径所建地——铁路公司却突然宣布已经将一些地块卖给了一位开发商。记者蒂姆斯·艾根（Timothy Egan）曾在《纽约时报》（New York Times）的报告中写道："就如同太空针塔（Space Needle，西雅图的地标建筑物——译者注）拥有了独立产权的公寓一般。"但是，拥护铁路－游径转化行动的人们了解相关法律，并且成功地说明了有争议的土地应该服从州际商务委员会（ICC）的相关规定，这次出售行为是不合理的。这场纠纷于庭外和解，最终，该游径不仅仅得以保全并且延伸了 4 英里，一直抵达皮吉特湾（Puget Sound）。伯克－吉尔曼游径案例中，人们付出了很多的努力，这一事件对所有私有铁路公司都施加了很大的压力——废弃之事要公布于众，应为公共部门提供一个宽泛的选择，在将土地作为房地产出售之前，以确定廊道是否可以用作其他用途。

在一些地方，铁路公司拥有通行权但不拥有完全所有权，其法律规则与上文所述情况完全不同。尽管铁路公司获得通行权，只要火车还在钢轨上行驶，便阻止了所有其他的用途。如果权利废除，那么全部所有权将归还给原有土地所有者或归还给所有者指定的人选。问题是，什么是构成路权废除的法律依据。在铁路废弃之后，很多土地所有者倾向于将他们的权利凌驾于任何游径倡导者所提及的公众权利之上。游径建设者则认为通行权是公共交通权利，不会因为火车的不通行而消失。

1983 年，国家游径法案（National Trails Act）❶ 得以修订，涉及了路权/废弃问题，通过提供一种将铁路廊道改变为铁路银行（railbanked）的途径，来解决废弃的问题。在此项法规中，即使铁路已长时间未运行火车，仍然保留铁路路权（或者将它转入公共部门所有），以便未来用于交通用途，由政府部门从铁路相关部门接管廊道的维护工作。很显然，一种保留这些道路的方式就是将它作为休闲游径继续使用。由于邻近土地所有者希望恢复其土地的完全使用权，铁路银行（railbanking）的合法性被一次又一次地挑战。尽管在本书的写作过程中，美国最高法院将会处理一起相关的诉讼案件，但是截至目前为止，铁路银行法已经出台。

我用了几个段落简单地介绍了一些较为复杂的法律问题，在过去的 25 年，处理铁路改造为游径的过程中，确实出现了很多法律摘要、观点、议会证词，同时也已出版了很多学术报告。此时此刻，要感谢铁路 – 游径管理委员会（Rails-to-Trails Conservancy，简称 RTC）所给予的支持，那些棘手的问题——来自 RTC 主席戴维·伯韦尔（David Burwell）的说法——才得以解决。这些日子以来，与西雅图的伯克 – 吉尔曼游径（Burke-Gilman Trail）和艾奥瓦遗产游径（Iowa's Heritage Trail，参见第 3 章）相比——这些游径的领袖们往往面临着游径反对者以及希望归还土地的所有者们的烧毁桥梁等破坏行动，而其他游径建设者所面临的困难便没有那么惊心动魄了。这并非言过其实，有艾奥瓦州的另一个案例为鉴——锡达城山谷自然游径（Cedar Valley Nature Trail），一位农民坚持破坏穿过其所有土地上的自行车道。

回头想想，如果考虑到早期具有先驱性质的铁路 – 游径项目所面临的重重问题，那么，这些项目简直是不可思议的奇迹。即使没有这些棘手的问题，几乎任何一个铁路 – 游径项目都可以称之为巨大的挑战；给予大量的管辖区域和邻近的土地使用者仅仅几英里的铁路通行权，那些典型的、长达 20—30 英里的项目尤其具有挑战性。此外，即使没有法律诉讼成本，仅是土地购买、游径建设和维护的成本就已非常高——尤其是在那些游径高频率使用区域。RTC 的伯韦尔喜欢引用开放空间代表威廉·H·怀特（William H. Whyte）的话"解决铁路 – 游径转化问题的人都略有些神经质。"

也许情况确实如此。但是，据 RTC 的项目经理彼得·哈尔尼克（Peter Harnik）说，这些略有些"神经质"的人们曾很兴奋地宣布：截至 1989 年中期，他们完成了 215 个项目，基本是每天开始一个新项目。

但是问题仍然存在，即铁路 – 游径是如何与大型的绿道运动联系起来的呢？梭罗式（thoreauvian）绿道类型伯克 – 吉尔曼游径——使用频率较低的乡村步道——很适合速度为 20 英里/时的竞赛自行车。实际上，很多铁路 – 游径只适用于游憩，即使是它们的支持者也不认为它们是绿道——即使 RTC 的伯韦尔认为所有的铁路 – 游径都是绿道，至少是潜在的绿道。我认为这

---

❶ 1966 年，内政部门出版了一部重要研究书籍《美国游径》（Trails for America），使得议会（Congress, 1968）授权国家公园局（National Park Service）开发长距离的风景和历史游径系统。现有 6 条州际风景游径——虽然只有阿巴拉契亚游径（Appalachian Trail）得以全部完成，以及 7 条历史游径——比如从圣路易斯一直延伸到俄勒冈海岸且与公路平行的刘易斯和克拉克游径（Lewis and Clark Trail）。议会还授权联邦参与到两条州级风景游径建设中：横穿过威斯康星州（Wisconsin）永久性冰碛原的冰河世纪游径，以及横穿佛罗里达州中部的佛罗里达游径。其他州有非联邦的长距离游径。比如，科罗拉多州有横跨落基山脉（Rocky Mountains）的游径系统，但只受到州级财政支持。尽管这些长距离游憩游径扩大了绿道项目，但是他们并不是真正意义上的绿道。

不是一个非常有意义的争论。很多铁路－游径提供了很多包括生态在内的多种益处，因为很多铁路线路与水道平行，或者为我们呈现了众多自然风景，比如伊利诺伊牧场小道。正如奥尔多·利奥波德（Aldo Leopold）建议的那样"游憩不完全等于户外，还包括我们自身的反应情况"。当我们的阵营中加入了更多如梅·T·沃茨一样的自然主义者，我们坚信我们对于户外活动的响应既深刻又有益——对我们自己和对游径本身均如此。这里，在一片受人喜爱的旧的牧场铁路之上，以及国土范围内的其他地区的铁路－游径，都可以发现奥尔多·利奥波德的理念——即关于土地的道德伦理将深深地扎根在脑海，否则将永远不会如此考虑。

关于铁路－游径的建设还有最后的一个观点——对绿道运动贡献最大的观点。它们可以与国家游径系统中的长距离游径互相连接，通过长距离的连接线使都市与都市间的绿道系统得以连接。

在与戴维·伯韦尔讨论铁路－游径这一方面时，我问了一个问题：我的家位于华盛顿特区边缘，从我家到绿道之间的距离有多长？他告诉我说，我家距离罗克小溪公园（Rock Creek Park）——作为溪谷线性公园土地中的重要案例，它本身就是一条先驱绿道——只有两个街区，然后向南步行到乔治敦（Georgetown），在那里，我可以越过波托马克河，然后就到了华盛顿旧领地游径（Washington & Old Dominion Trail），沿着蓝岭山脉（Blue Ridge Mountains）走下去，或者通过 C & O 游径抵达马里兰州地区。如果选择华盛顿旧领地游径路线，就不得不走 1 英里左右穿过弗吉尼亚州的布卢蒙特（Bluemont, Virginia）抵达阿巴拉契亚游径（Appalachian Trail）。"然后向右前进，"他说，"直到遇到运河，然后左转，进入马里兰州的坎伯兰（Cumberland, Maryland）。"

"那如果沿着 C & O 游径一直走下去呢？"我问道。

"那么，一直走到坎伯兰，沿着波特马克遗产游径，从坎伯兰再到宾夕法尼亚州的康奈尔斯维尔（Connellsville, Pennsylvania）。如果你有几年的时间，就可以沿着我们正在建设的铁路－游径连线抵达匹兹堡。在那里，就可以一直走过俄亥俄州，往北通过密歇根，通过北部乡村游径（North Country Trail，一处国家风景游径）抵达北达科他，在未来，这条游径将与刘易斯和克拉克游径（Lewis and Clark Trail，国家历史游径）相连，然后你就可以直接抵达波特兰地区了。"

"哇，俄勒冈州的波特兰？"我问道。

"你想要到达缅因州的波特兰？"

"不是，不是。"我连忙回答，"俄勒冈就很好了。一旦我到达那儿，我可能会在 40 英里环形路上散步。"

"你要知道，实际上，它有 140 英里。"伯韦尔道。

"我知道，我知道。"我说道，"但是谁又会亲自去数一数呢？"

# 第6章

# 自然廊道

*当我们试图看清事物本身，发现会牵引出世界上的其他事物。*

——约翰·缪尔（John Muir）

人类并不是唯一需要绿道的生物。事实上，一些绿道与那些位于市区、基于游径的绿道不同，比起经济的再发展或是满足根据统计得出的休闲需求，更加关注自然系统。

当肯尼·金（Kenny King）坐在一只漂流船上在威拉米特河（Willamette rivers）行驶时——这种船具有高的干舷，非常轻盈，双排结构，特别设计用于捕捉俄勒冈河（Oregon rivers）一带的鲑鱼，这些使肯尼·金对绿道生态理念铭记于心。坐在一只漂流船上，仅仅进行划船活动与当时环境是格格不入的，这一情景在肯尼·金的生活中隐喻着一个极其美丽的意象。肯尼·金是一名专业渔夫，向购买者提供最好的鳟鱼、鲑鱼、虹鳟，自1930年起他就自称以"业务主管"的身份从事着沿马更些（McKenzie）河顺流而下，每天赚到5美元的这项工作。他曾组建过一支简单的商船队，还曾经作为一名棒球运动员效力于亚拉巴马州（Alabama）伯明翰的辛辛那提红人农场俱乐部。他从事这一行业已有50多个年头，直到20世纪80年代中期才退休。如果你从事这项工作已有半个世纪，也会对威拉米特河中每一个鲑鱼洞和每一英寸的海岸线都了如指掌——尽管罗格（Rogue）、马更些、安普夸（Umpqua）这样的溪流会有更好的鲑鱼。不过，在我的旅途中，我们并不仅仅为了垂钓。而对于在威拉米特河绿道沿线建立一条225英里游径〔起点为圣海伦斯（St. Helens），北至波特兰（Portland）、卡蒂奇格罗夫（Cottage Grove），南至尤金（Eugene）〕的想法，肯尼·金认为是十分"荒谬"的，他一直在喃喃自语。"看那儿，"在拉着漂流船的橹来减缓我们下降的速度时，他会说，"看到小溪汇入河流处了吗？它有多宽阔啊？现在不利用一座造价昂贵的大桥怎么能够通过那儿去建立一条游径呢？真是荒谬。"然后他再重重地拉一下船橹，倒转船的势头，与河流顺流的推力作抗争。

肯尼·金是一个矮小但结实的人，留着很短的灰白色头发。他重145磅，70岁。在这段沿着威拉米特河的两小时旅行中，他为我指出了十几只鹗（osperys），许多蓝色苍鹭，甚至还有在天空中战斗的鹗和苍鹭。我们还看见了1只海狸，1只小鹿，4只沿着砾石层排队晨饮的雄鹿——它们就像酒吧里的风流绅士一般。我们还看见鲑鱼在水坝底部翻转，还有无数的黄莺——它们的种类繁多以至于无法一一列出。我们看见的只是自然廊道的一部分，它们正如人们所希望的那样运转着。

事实上，在20世纪60年代中期，沿着威拉米特河修建游径只是一闪而过的设想，1965年，俄勒冈州水净化法案（1965 Clean Water Act）出台，相关部门对一条在20世纪50年代期间被州级官员描述为"西北部最污浊的河道"的河流进行了大量的清理工作。这条河流呈现出了威拉米特山谷地形的特征，附近居住者中有70%为俄勒冈州人。沿着河流分布着波特兰，尤金和6个较小的城镇。即使如此，威拉米特河有超过90%的河段穿越了乡野田园。

　　1967 年，俄勒冈州立法机构第一次颁布了两部绿道法规（威拉米特河绿道项目可能是全美范围内第一个被合法认定为绿道的项目），保护了河流廊道，提升了滨河游憩机会。1970 年，在河流沿线一带确定了 5 个区域国家公园的选址；1971 年和 1972 年，州交通部开始获得部分土地。不过一个土地保护和发展委员会（Land Conservation and Development Commission）的州级官员詹姆斯·奈特（James Knight）后来告诉我，绿道的效果并不显著。他说："没有人真正明白绿道是什么，它是应该建成一连串游径和自行车道吗，是一长串公园还是其他的什么？"不管怎样，州立公园部门将土地用作建设公园和已确定的其他 43 个沿河场所，方便人们野营和划船，肯尼·金以前在漂流船旅行中曾用过两个场所（一个将船驶进去，另一个将船驶出）。但是这就是关于绿道的东西。官方没有意图去获取河流廊道沿线的连续性土地来保护河流。

　　立法机关最终决定保护威拉米特河最好的方式就是通过土地法规，也就是 1973 年出台的俄勒冈州全州规划项目中 15 号目标（Goal 15）（其他目标必须与农田、住房和滨河土地等问题有关）。15 号目标规定如下：

　　——应该沿河流廊道将农田利用保护起来，作为实现绿道目的的有效途径。

　　——如果和土地容量能够相适应，应该提供娱乐设施。

　　——应该保护鱼和野生物种。

　　——应该保护景观质量和风景。

　　——应该保护私人财产，以最大限度防止破坏和非法侵入。

　　——应该尽可能地加强和保护沿河的自然植物边界。

　　——应该规范不遵循保护区边界的木材采伐行为，确保绿道的自然风景质量得以保持。

　　——应规范累计开采的限量，同时遵循对水质、鱼和野生动物、植被、河岸稳定、溪流、视觉质量、声音和安全负面效应最小化的规则，此外开采者必须保证填海工程。

　　——应该使开发活动尽可能避开河流本身，除了现有的城市设施，以及港口和航行所需要的土地和设施。

　　——需要建立一条绿道缓冲带，将河流与建筑隔开，以便保护、维护、保存和提升威拉米特河绿道的自然、风景、历史和休闲品质。

　　在制定出一个详尽的河流廊道目录后——该廊道目录需要反映出上述 15 号目标的元素，准备一份地图与一项基本的政策来对缓冲带进行说明——在缓冲带内部任何对河岸堤地利用的改变在很大程度上是禁止的（在城市可以制作一份"例外备注"）。地图还可以界定绿道廊道内部的剩余土地。廊道是这样一个区域，通常几英里宽，由地方政府来考虑其特殊的规划。大致来说，在俄勒冈州，有效的规划法要求地方规划符合法定目标以及涉及土地利用、具有区域意义的土地区域指南。威拉米特河廊道——现在是绿道，就是这样一个区域。地方规划需要提交到一个州级机构——土地保护和发展委员会——获得批准，或是被建议进行修改来符合目标及指南，或是直接使用土地保护和发展委员会的规划（主要指那些反对规划的行政辖区，或者缺乏资金进行规划的行政辖区）。于是，委员会需要处理数不清的上诉，或其他类似的表达其观点的官方形式。法律往往是很难更改的，虽然在过去的 15 年，已经多次被尝试废除，但是法律一直在被使用着，延续没有间断。就像任何一个社会立法——无论是涉及健康立法，教育立法，还是土地利用立法，几乎从所有立场来看，俄勒冈州的规划法都存在很多需要改进的地方。但无论如何，州级强制的目标和实现指南的途径看起来均是明智、有效且可实施的。在这一点上，俄勒冈州几乎是独一无二的。事实上，大多数州并没有这样的实现途径，在全美范围内的 39000 个镇、市和县中，几乎没有什么因素能够影响当地土地利用决策，且决策总是被短期经济利益驱动。

在威拉米特河整个廊道规划中，关键处是缓冲带。建立缓冲带从每一河岸算起至少需要有 150 英尺的距离。按照土地保护和发展委员会官员詹姆斯·奈特的说法，在泥沼和洼水区，应该再扩展 25 英里或更多。在城市由于开发了太多的土地，河流缓冲区并没有发挥很大的作用。但是，在重塑城市河岸时，为了阻止更多经济导向型的项目，将河流缓冲区的土地作为公园和休闲地受到了更多的鼓励（在波特兰和尤金都建有美丽的河滨公园和步道）。这一做法已经成为了州级规划指南中颇具争议的特征。在人口较少的州，经济基础通常不太稳定，近几年由于森林产品产业的萧条，经济波动情况尤甚，出现了一些非常显著的问题需要处理，比如胶合板制作和木材加工。即使树龄较长的木材也是以原木形式廉价销售到日本——这一令人发指的行为不仅仅毁掉了两百年树龄的树木，还衍生了加工、销售、分配这些工作——近年来这样的情况在减少，原因是剩下来的树龄较长的树木在减少。据俄勒冈自然资源委员会（Oregon Natural Resources Council）尼娜·劳维格（Nina Lovinger）的说法："俄勒冈州的经济萧条形成了一种推动经济发展的巨大动力。木材价格越高时，则越容易保护土地。"在尤金，尼娜所居住的地方，临河的土地被视为弥补其他行业经济衰退的方式——人们通过利用威拉米特河滨水景观，在河畔建造摩天大楼和办公大楼。至今为止，尼娜和其他一些决心保护河流自然完整性的人能够维护法律中的保护精神。然而，据土地保护和发展委员会（LCDC）罗伯特·林迪（Robert Rindy）的说法，一些州级官员已经开始考虑在河岸地区进行一定程度的经济开发是明智的。然而在乡村那些缺少河流廊道的地区，缓冲带作为一种永久性设施，在维护廊道自然过程完整性方面有着较大的差异。

我向金提到上述的一些观点，仅仅发现他讨厌土地利用条例甚于之前提到的游径。当然，我忍住而没有指出他的想法有多么执迷不悟，因为他是一位专业的、靠捕捉鲑鱼谋生的渔夫。金显然是一个有原则的人，不会被仅仅以自身利益为基础的恳求所影响。但是，通过保护廊道，从而使更多的鲑鱼能够存活下来，从使威拉米特河绿道不仅仅是保护渔民利益更重要的是要保护河内物种的角度而言，他是错误的。俄勒冈州已故州长汤姆·麦克（Tom McCall），始终认为鲑鱼和虹鳟生存环境是否健康是环境质量的标志。在 20 世纪 70 年代早期一次采访中，麦克告诉我"如果鲑鱼和虹鳟能够自由游动，那么我认为，上帝就会知道在他的世界里一切运行良好。"他接着说："不管你是否捕捉过它们，这些鱼是美丽的——只要它们在水里自由游动。如果周围有鲑鱼和虹鳟，表明你所处的环境状态是好的，就是这么简单。"他说的很有道理。如果当你用鱼线把它们钓起来时，鲑鱼和虹鳟的美丽就大打折扣——因为上帝在爱捕捉鲑鱼的渔人的同时，也爱鲑鱼，这意味着他允许优秀的汤姆·麦克来到他的怀抱，让汤姆·麦克作为威拉米特和美丽俄勒冈乡村的守护者。上帝当然也会对金赐予温暖美好的祝福。尽管如此，在漂流船上，金一直对汤姆·麦克作为州长时所倡导的土地利用条例表现出厌恶之情。我决定打断他，请教他沿河岸的树木名称。"那是俄勒冈白橡木，"金回答道，并指出——"那些是杨木（毛白杨类），桤木，杉木，雪松。"威拉米特河穿过了俄勒冈州的工业和住宅区的中心，在一些地方，缓冲带沿着这条河流利用得很好。尽管威拉米特河距离尤金市区不远，但这次两小时漂流船之旅仍然可以视为一次野外郊游。俄勒冈州有远见的政治家们认识到破坏河岸植被是违法的，鉴于此，我向他们致以无声的祝贺。这时，金正盯着烹煮的鲑鱼，仍然在喃喃自语。

几乎所有绿道都或多或少地保护了自然进程，这是一个不争的事实。精心开发的城市河流绿道——比如丹佛（Denver）的普拉特河绿道（Platte River Greenway，参见第 9 章）——或沿着废弃铁路修建的沥青铺面的自行车道，都是以游憩娱乐为导向，从自然环境中获益。然而，建设绿道的主要目标是为野生动植物提供自然廊道，目标较少关注历史景观的保存——尽管这些项目往往最为有趣。

以奥科尼河绿道（Oconee River Greenway）为例，该项目于 1973 年动工，作为一个非娱乐项目，目的在于保护奥科尼（Oconee）河北部和中部交汇口，以及位于佐治亚州北部雅典城（Athens，Georgia）的支流。在市内的佐治亚大学（University of Georgia），绿道有着游憩用途，但缺乏连续性的游步道。沿着两个分岔口的较高处，有一些大型的开放空间，其中包括一个自然庇护所，主要用于佐治亚大学和当地其他学校的教学。但当我问查尔斯·阿瓜尔（Charles Aguar）—— 一位景观建筑学教授，制订了第一个属于一类项目的绿道规划，针对游径（trailway）有何未来规划时，他显得很迷惑。对他以及同一时期规划了 35 英里绿道的他的学生来说，维护环境质量和保护本土动植物的想法，并不是简单地建一条游径。阿瓜尔认为"河流本身就是一条游径"。从这方面来看，他的项目与俄勒冈州威拉米特绿道十分相似，但是他未能从严苛的州级法律中获得好处。

在奥科尼（Oconee）的案例中，如同大部分其他地区一样，两条支流交汇的百年洪泛区也是受地方法律保护的。与阿瓜尔绿道规划（Aguar's plan）不同的是，它要求获得一个保护覆盖区，为奥科尼支流沿线的政府司法管辖区提供一种途径，进而使得规划和区划决策能够与廊道的环境质量相称。每条廊道的宽度是 2 英里——在每条河道的两侧各 1 英里。阿瓜尔告诉我说"这不完全是一个保护性规划，不过所提议的土地利用方式包括了维护河流廊道生态完整性。"

近年来，河流廊道是保护的重点，以奥科尼绿道项目为例，该项目可能间接来自 1968 年野生动物和景观河流法案（Wild and Scenic Rivers Act of 1968）中联邦政府对维护未开发河流廊道的长期承诺。奥科尼绿道项目由国家公园管理局预先提供了详细目录和河流研究报告，属于国家系统中的候选河流，从而获得了保护，河流自然和景观价值避免了因联邦政府一些部门建造大桥、水坝或其他修改河道等行为的毁坏。尽管 1968 年法案仅仅使有限数量的河流获得了少量的强制性保护，但它仍然为由州级、地方政府以及公民群体发起的河流保护运动提供了合法性。据此，1968 年野生动物和景观河流法案催生了一些州和地方的河流保护法案的出台，法案对于需要保护的河流，以及更适用于绿道项目的河流少一些挑剔的眼光。基于这种认识，联邦政府通过国家公园管理局这一特殊单位（参见第 10 章），对地方的河流研究和河流保护行动规划等给予了帮助。

近年来河流廊道保护是法案的重点，这对于全美范围内希望向公众有所交代的绿道工作者而言是有益的，而且对于一个新奇（至少对我们大部分人来说）且明确的科学观念的出现也产生了极为关键的作用——即自然廊道的绿道规划在保护野生动物方面发挥了重要作用。越来越多的生物学家和生态学家正在关注孤岛保护区（in isolated reserves）的野生动植物中的"岛屿种群"（island populations）问题，以及自然廊道存在的必要性是为物种交换提供空间，进而保证"岛屿种群"不至于灭绝。近年来，为了解决这些问题，景观生态学作为一个专业学科开始出现。环境景观建筑师和规划师的先哲菲利普·刘易斯和伊恩·麦克哈格在20世纪60年代就预测，生态科学能够以非常具体的方式得以应用。

其中一个新锐生态学家是佛罗里达大学的拉里·哈里斯（Larry Harris）。在过去的几百年，大多数野生动物栖息地设置在公园、预留地和保护区，但在这些地区中的大多数，与其周边的发展相比，呈现出发展不力的状况。拉里·哈里斯写道，"几十年来，在保护区和野生动物预留隔离区周围所进行的土地开发活动——包括道路、电力线、管道线和带状开发等，使得我们必须面对更多亟待解决的生态问题。"

拉里·哈里斯认为在保护区周围进行的土地开发活动导致的野生动物栖息地分裂，不仅仅导致野生动物庇护所的缺失，同时也是我们对待野生动物的行为所必须付出的代价。尽管在许多情况下，仍然需要建立额外的大型保护区，迄今为止更迫切的生态学问题是自然景观破碎化。拉里·哈里斯说，这种分裂会导致四种结果。一是那些需要在密林深处生长的物种会逐渐消失——这种密林中可以存活许多鸟类。二是本地较大物种的灭绝，比如熊和大型猫科动物，它们需要行走很长一段距离去觅食和生长。在一般情况下，一只佛罗里达美洲豹至少需要50000英亩的区域。三是分裂会导致"人类补偿"（human subsidy），主要针对一些特定的自我适应的物种，比如英国麻雀、浣熊、鹿，这些物种会导致"种群过密"（overpopulated）并降低栖息地空间，使它们对于自我适应性较弱的物种极具攻击性。四是近亲繁殖，会减弱隔离物种的遗传完整性，有时会引起地方物种的灭绝。

但仍然存在希望。拉里·哈里斯说过，"对于栖息地的破碎化和隔离问题，可以通过一系列绿带、栖息地连线、野生动物廊道来连接关键的公园、庇护所和栖息地孤岛的河岸缓冲带，使问题得以缓解。"

拉里·哈里斯提出这样一个观点，即选择陆域和水域交界处作为野生动物廊道最佳的选址。他写道："河岸或河滨森林地区，不仅可以栖息大量的鱼类、两栖动物、爬行动物、哺乳动物和鸟类等物种，同时还可以作为景观大道（作者的强调）。因此，即使河流和河滨森林失去了渔业价值、游憩娱乐价值、硬木森林价值、水电周期调节价值、水补给价值或自净价值，我们仍然选择它们作为野生动物保护优先区域。即使人类完全不介入，河流、小溪和排水渠仍然能呈现出大自然自身的能量信号，被视为资源管理的典范。"为了证明他这一观点，拉里·哈里斯提出沿着佛罗里达北部和佐治亚南部萨旺尼河流域（Suwannee）的一条自然廊道，为野生动物提供了景观通道，连接了近100万英亩场地中的20个栖息地。

另一个领军景观生态学家是哈佛大学设计研究院的理查德·T·T·福尔曼（Richard T. T. Forman），他致力于研究自然廊道与"干扰模型"（disturbed matrix）中的"残余斑块"

（remnant patches）（比如农田或郊区开发）之间的关系。斑块包括了在既定景观中原始的自然群落的遗迹；廊道能够为物种在斑块之间迁移提供一种途径，以便保护生物多样性和生态平衡。理查德·T·T·福尔曼认为，有四种不同的廊道：线状廊道（the line corridor），比如一个灌木篱墙或排水沟；带状廊道（the strip corridor），是一个更广泛的生态性土地带，与连接斑块相类似；河流廊道（the stream corridor），毗邻着一条水道；以及网状廊道（network），其组成包括人工廊道［比如小径（paths）和路边小道］和自然廊道。

在索尔兰山（Sourland Mountain）地区，特伦顿（Trenton）和新不伦瑞克（New Brunswick）之间的新泽西中心区［为理查德·福尔曼所熟悉，来哈佛任教之前，他在该区的罗格斯（Rutgers）大学教生物学］，能够表明斑块和廊道是有助于重新连接和修复原有的景观残余（remnants），能够勉强恢复一些原有的生态功能。在这个案例中，三种绿道类型的项目被连接在一起，理查德·福尔曼称之为生态连接。

索尔兰山不是一座真正的山，它海拔较低，上冲断层（upthrust，地质学术语）呈菱形，辉绿岩（diabase，地质学术语）和后层泥岩型（argillite，地质学术语）的悬崖绝壁充满巨砾，不适于耕作，与周围土地利用模式不相吻合。索尔兰山，大约长 10 英里，宽 4 英里，对于早已生活在平原农场的居民来说有些荒凉。迄今为止，开发选址工作有些难度，而且底层岩石使得水的供应和渗透也成问题，鉴于此，建筑商几乎让山体保持原状（尽管可能有些许改变）。结果致使 40 平方英里区域成为一片残余斑块，由于它范围较大，这片相对完整的森林成为了许多（如果不是全部）本土动植物的庇护所。据理查德·福尔曼说，索尔兰地区，不仅大到足以使狐狸、鹿、鹰在此能够获得一己空间，即使是几近消失的熊类也能够在此存活。

在即将开始的大规模城市化进程中，索尔兰山如同自然景观中的一个小前哨，它像大多数地方一样，拥有捍卫它的公民。尽管在索尔兰这一案例中，面临着非常艰难的挑战。因为这座山既不是很高，也没有很多附近居民到此游玩，它快要被人们遗忘了。由于历史环境的影响，索尔兰地区被分为三个县和四个乡镇，其被忽视的状况在进一步加强，因此每一分区的意义都不是很大。即使整座山保持了生态系统的完整性，但它的行政区划仍处于破碎状态。

鉴于这种情况，1986 年，一群索尔兰地区的居民成立了一个公民组织——索尔兰地区公民规划理事会（Sourland Regional Citizens Planning Council），罗伯特·哈根霍弗（Robert Hagenhofer）是成员之一。20 年前他在拯救另一悬崖绝壁——斯塔滕岛绿带中发挥了关键性作用，我在第 4 章中已经进行了讨论。针对绿带，理事会讨论的焦点之一是在山上建立一个游径系统。尽管与斯塔滕岛绿带情况有所不同，但是，索尔兰地区并没有如罗伯特·摩斯（Robert Moses）公园道这样的资源那样能够获得公众的关注，仅有逐渐消失的林地，以及散落的几间房子。向公众介绍索尔兰地区的重大意义并非易事，但是该区域是新泽西州中心地区日渐衰减的生态系统中的重要斑块，具有重要意义。从该地区地形图来看，索尔兰山为倒三角形状的河流环抱着，向西是特拉华河，向东是米勒斯顿河，向北穿过三角形顶端的（至少它的一部分）是拉力坦河（Raritan）南部的支流。沿着河流低地的大部分土地属于保护性开放空间，这条绿道连接了特拉华和拉力坦运河（Raritan Canal），现为一州立公园。

从未受干扰的山体边缘流淌下来的大量溪流将运河公园（riverine – and – canal park）低洼处

与索尔兰地区的森林高地等连接起来。大部分溪流是由公民主导的另一个保护组织关注的焦点，即特拉华和拉力坦绿道联盟，由斯顿尼小溪 – 米勒斯顿小溪流域协会（Stony Brook – Millstone Brook Watershed Association）进行组织。联盟的第一个项目是斯顿尼小溪绿道，力求成为其他溪流项目的典范。根据项目主管曼德·巴克斯（Maude Backes）的说法，联盟希望说服地方政府禁止沿着河流廊道进行土地开发活动，土地开发活动至少需要在百年洪泛区之外 100 英尺的缓冲带以外，而鼓励私人捐赠溪流带沿线的土地和地役权。

保护溪流廊道，能够使索尔兰地区未经开发的森林避免成为一个孤岛，因为永久性的野生动物廊道会将森林与河流低地连接起来，这些低地往往相距较远，且自身就是抵达其他森林区的野生动物迁移廊道。三种不同类型的绿道项目——索尔兰地区的山脊游径系统，已得到保护的溪流廊道，已建成的运河公园——可以共同为长期居住在新泽西中部的居住者创造出一个保持生态系统骨架的动力机制。索尔兰山地区绿道利用了遗留斑块以及其他受到城市化进程困扰的廊道。如果将不同的元素放在一起，那么，这条绿道可以作为生态绿道规划的模仿典范。

# 第 7 章

## 风景驾驶路线和历史路线

> 我踏上这条道路，走一走，看一看，我相信所看的并非全部，许多未看到的仍存在于此。
>
> ——沃尔特·惠特曼（Walt Whitman）
>
> 《路之歌》（Song of the Open Road）

虽然亨利·福特（Henry Ford）成功地实现了他最疯狂的梦想：把汽车转变为纯粹的休闲旅行车。如同游憩研究员所说"愉快驾驶体验" driving for pleasure，DFP），仍然排在所有户外游憩活动清单前茅。根据户外游憩资源评估委员会（Outdoor Recreation Resources Review Commission）资料显示，在 20 世纪 60 年代早期，愉快驾驶体验遥遥领先，位居榜首，就算是现在，经历了州际公路和交通拥堵的时代，近年来更多研究表明"愉快驾驶体验"位居第二，仅次于愉快散步体验（walking for pleasure），无疑是美国社会历史上的一个里程碑。

无论在什么情况下，绿道建设者偏向于将风景和历史驾车线路（有时候线路兼具两者特征）作为首选项目。尽管纯粹主义者（purists）可能会认为绿道和道路是相互矛盾的，但是把以道路为基础的绿道排除在外将会失去一些意义重大的一流项目。虽然一条以铁路为基础的游径取代了火车，但是将公路改造成绿道并不是要取代汽车的使用，而是为了增加周末驾车的体验，因为我们仍然使用着汽车，例如在周末，带上小孩然后出发。对于周末驾车，其中一个有建设性的益处是这些绿道能够吸引家庭走出车外，融入到绿道的景观中。

以伊利诺伊州芝加哥郊外的第 31 街绿道为例。绿道的起点在环路（Loop）西南 10 英里处，沿着河滨穿越西塞罗（Cicero），经过库克都派戈（Cook Du Page）县，以橡树小溪（Oak Brook）村为终点。你可能会认为，这只不过是一条郊区通道而已。除了第 31 街最后 8 英里的草原文化遗产——自然与文化——为了使身处芝加哥南部那些城市化程度最高区域的人们对第 31 街感兴趣，城市怀旧的人们认为过了西塞罗，他们所熟知的忙乱世界似乎停下了匆匆的脚步。

事实上，第 31 街是一个了解中西部历史和生态的地方，那些热衷于寻觅过去的人们可以从这开始，这也正是瓦莱丽·斯帕莱（Valerie Spale）所做的，她担任草原文化拯救协会（Save the Prairie Society）执行主席后，致力于保护残存于伊利诺伊州的一些真正的黑土草原文化（black-soil prairie）。文化残余部分分布于沃尔夫道（Wolf Road），大约是在第 31 街中迷人的 8 英里沿线的中端。

1868 年，弗雷德里克·劳·奥姆斯特德设计了公园道，这条道路以河滨的德斯普兰斯大街为起点（Des Plaines Avenue，Illinois），宽阔的道路两旁栽满了榆树，其间点缀着独特的住宅，其中一间是弗兰克·劳埃德·赖特（Frank Lloyd Wright）的杰作。环绕着村庄的是公园用地，由库克县森林保护区（Cook County Forest Preserve）管理，沿着德斯普兰斯河和索尔特河（Salt Creek）一带，分布着徒步游径和自行车游径，第 31 街穿过了德斯普兰斯河和索尔特河。向西行，在第 31 街的南侧是布鲁克菲尔德动物园（Brookfield Zoo），该动物园一年吸引了两百万的游客。

绿道再次穿过索尔特河后，是沃尔夫道草原（Wolf Road Prairie），该草原拥有方圆 80 英亩的原生态景观保护区。瓦莱丽·斯帕莱写道，"这一区域是生长着橡木的稀疏草原、湿地草原，以及有着众多珍稀濒危物种的草原湿地的混合区"。瓦莱丽·斯帕莱可能会鼓励你去寻找一种罕见的白流苏兰花（white-fringed orchid）。在返程中，你可以发现一些古墓区已为某一农业社区——称为弗兰柔桑布施（Franzosenbusch）——所用。同时，在这一区域里有一座 1852 年的房子，曾为查尔斯·林德伯格（Charles Lindbergh）所居住。查尔斯·林德伯格——"幸运的林迪"（Lucky Lindy）——于 20 世纪 20 年代，乘坐他的双翼飞机飞抵芝加哥途中，永远地闭上了眼睛。这所房子从乡村搬迁到了沃尔夫道草原，作为博物馆和游客中心。

紧邻草原西边是沿着希科里巷（Hickory Lane）的颇具规模的私人住宅。瓦莱丽·斯帕莱用极富诗意的语言描述这个地方，"绅士般的田园生活在这里得以延续，角鹿和猫头鹰旅行般惬意地飞过可爱的房屋和魁梧的树木。"附近是两棵印度橡树，橡树弯曲的树枝被波陶沃特密斯（Potawatamies）用作标记。印度土丘（Indian mounds）及附近发现的文物表明最早的定居者可以追溯到 8000 年前。

沿着第 31 街稍远的地方，有一处较受欢迎的吸引物，即橡树小溪马球俱乐部（Oak Brook Polo Club），会员们会向你介绍查尔斯王子（Prince Charles）也曾经作为会员在这里玩过几局。沿着约克路（York Road）经过短暂的绕行到达斯博林路（Spring Road），一直延伸至历史上的中心地区：欣斯代尔县（Hinsdale）和橡树溪。瓦莱丽·斯帕莱说，"在瀑布旁，是建于 19 世纪 50 年代的格劳工厂（Graue Mill），现已修复。"在美国内战期间，这个工厂是一个地面火车站，有人认为林肯作为巡回牧师时也曾游览过这个地方。目前，这个工厂对公众开放。附近是富勒斯伯格自然中心（Fullersburg Nature Center），在该中心有一些穿过森林和沿着索尔特河的游径。第 31 街的后方是由方济会（Franciscans）拥有的梅斯拉克休憩所（Mayslake Retreat）。在这片土地上，有一所建于 1919 年的都铎哥特式的大厦（Tudor Gothic mansion），该建筑由煤炭巨头弗朗西斯·史岱文森·博迪（Frances Stuyvesant Peabody）出资修建，同时，还建造了阿西西（Assisi，意大利城镇名）圣弗朗西斯（St. Francis）的意大利宝尊堂（Italian Portiuncola Chapel）的复制品——该复制品作为弗朗西斯·史岱文森·博迪的墓地，建成于 1926 年。

绿道沿着斯博林路结束于一个面积约 90 英亩的莱曼森林和沼泽地。莱曼森林和沼泽地是一个自然保护区，瓦莱丽·斯帕莱说，"难得的是，该地区把从末次冰河时代（the last glacial age）延续至今的多样性山地森林与一片重要的沼泽地结合起来。"

瓦莱丽·斯帕莱发现了第 31 街沿线所有事物丰富特征的集合，并在她的文章和小册子中令人信服地进行了描述，事实上瓦莱丽·斯帕莱的描述吻合了民间领袖和市政官员的设想——在第 31 街廊道的西端，机动车路线有所增多，人们需要更多的人行道连接线。为了推广一个徒步计划，瓦莱丽·斯帕莱从国家历史保护信托基金会获得了一笔资助成立了一个工作室，邀请了市内所有的城市、县级公园机构，以及保护组织和公民团体参与。将这个项目更名为索尔特河绿道，瓦莱丽·斯帕莱和团队与私人土地所有者进行沟通—— 一些所有者仍是犹豫不决——工作内容是沿着索尔特河建立一条游径，为许多非机动车与行人提供连接到第 31 街廊道的游径。就这样，项目建设的重点从道路转移到游径上来，索尔特河绿道以及将要建设的游径共同成为一个项目整体。

迄今为止，7 英里的游径已经被拼凑在一起。但这个项目还做了其他连接。通过将第 31 街廊道的多样性特征结合在一起，使得整体的效益大于各个部分总和，这为生活在拥挤的大都市的后代永久地保护了伊利诺伊州遗产文化的完整性。

就像瓦莱丽·斯帕莱所发现的，一旦人们认识到廊道的价值，一条风景或历史汽车路线也可以成为绿道——成为这一有机过程中的组成部分。米切尔（Mad Dog Mitchell）、布劳沃德·戴维斯（Broward Davis），以及其他为塔拉哈希（Tallahassee）的林冠道路项目工作的人员都期望他们的项目富有成效。这些具有历史意义的泥土路，位于佛罗里达州北部，最终的成果是这些泥土路两侧都会被纵深 100 英尺的绿带所包围，同时设置自行车道和徒步小道，以及用于野餐或休憩的缓冲区。但充分实现这个目标遇到了瓶颈：相关的土地所有者对向公众开放他们的土地并不感兴趣。据此，目前应努力获取林冠道路廊道沿线的风景路段的地役权，以便游径和缓冲区能够有朝一日得以实现。

尽管大多数致力于绿道项目的工作人员往往只涉足了机动车路线，也许有一天他们会欣慰地看到沿着风景、历史廊道的连续性的徒步小道或自行车道。尽管这些绿道项目起步发展存在不足，但并未减弱这些项目的重要性或影响其成为绿道典范。以波士顿著名的连接开放空间的郊区环道——海湾环道（Bay Circuit）为例，其发展计划通过提供三种不同模式来形成环道——沿着步道（pathways）的徒步行走；乘独木舟或划艇顺溪流划行；乘汽车沿着一条有汽车行驶独特标识的线路行驶，停车区表明驾车者可下车探索当地独特的景观：如梭罗的瓦尔登湖（Thoreau's Walden Pond），或者康科德古老的牧师住宅（Old Manse in Concord）。海湾环道项目负责人认为汽车线路极具应用价值，并视其为实现让更多人通过绿道来欣赏风景、了解历史遗迹这一目的的手段或方式。

许多组织、机构和法案能够为历史型绿道建设者提供帮助。最具意义的法案是 1966 年国家历史保护法案（National Historic Preservation Act of 1966），能够为州级历史机构和国家历史保护信托基金会（National Trust for Historic Preservation）提供基金。针对涉及的研究区域，有时可以从信托基金会或州级机构获得资助，对区域进行研究能够以此确定是否将一个场地或区域登记为国家级或州级历史地区。如果该地区能够列入国家级注册名录，或者州级注册名录，那么就能够避免一些可能对历史遗产（包括私人所有资产）产生不利影响的政府资助的开发活动。对于历史遗产所有者来说，名录登记的方式可以表明所有物被官方认证为品质优良，并减少修复历史遗产的私人成本。绿道可以将这些注册历史区域连接起来，或通过历史廊道增加它们的公共和私人价值。

古运河就是能够明确作为历史线路型绿道项目的基础之一。一些古运河已经与国家公园系统相连接。近年来，国会已经设立了新的遗产廊道法案，先行的两个项目都是与运河有关——伊利诺伊与密歇根运河，以及罗得岛与马萨诸塞黑石河。在华盛顿特区许多运河也是一样，近年来，获得官方认证是主要的荣誉。联邦政府能够提供遗产廊道研究、公共关系，以及"解说"等方面的资助，但将花费高昂的部分留给了其他部门去做——如获取，开发和维护遗产廊道的游憩和历史特征。在州级和地方行政区管辖范围内，有着一百多条以运河为基础的绿道，此外，还有一些历史运河协会——包括总部在宾夕法尼亚州约克（York）的美国运河协会，都致力于将运河开发为历史文化型绿道。

至于风景道路（scenic-road）型绿道，目前尚未有哪一条能够击败美国著名的加利福尼亚1号公路（第3章提及的）。该公路沿着大瑟尔海岸（the Big Sur coast）切口进入山麓。但是，作为第一条风景道路型绿道项目，该公路的成功很大程度归功于罗伯特·米尔（Robert Myhr）——他是一位经济学博士，曾任职于西雅图惠好（Weyerhaeuser）公司，在圣胡安群岛保护基金会（San Juan Islands Preservation Trust）的支持下建立了一条"圣胡安群岛轮渡绿道廊道"。圣胡安群岛位于华盛顿州皮吉特湾（Washington's Puget Sound），退潮时，可见788个岛屿；涨潮时，可见456个岛屿。其中175个比较大的岛屿获得了命名，15个岛屿全年都有居民，4个岛屿［洛佩斯（Lopez）、肖岛（Shaw）、圣胡安（San Juan）、奥卡斯（Orcas）］是停靠渡轮的港口，渡轮在华盛顿州的阿纳科特斯（Anacortes）与加拿大不列颠哥伦比亚省的温哥华岛的维多利亚（Victoria）之间航行。

这些岛屿有令人惊叹的水景，岛屿一半的降雨来自西雅图，任何一位西北部的居民都会对此美景心驰神往。随着居民和资金流入到西雅图地区——该地区成为了环太平洋（Pacific rim）地区新兴的金融和贸易中心。看似遥远的圣胡安群岛非常容易受到附近"加利福尼亚化"（Californication）的伤害。一旦海岸挤满了房子，令人惊艳的美景也就永远消失。

鲍勃·米尔（Bob Myhr）意识到了某种趋势。某年的夏天，他曾在洛佩斯岛（Lopez Island）——出了阿纳科特斯的第一站——居住过一段时间，米尔作为一个保护自然资源的志愿者参与到于1979年建立的圣胡安保护基金会的重要工作中。随后，在20世纪80年代早期，该基金会决定聘用一名兼职执行董事，米尔在对沿太平洋的美国西北部还没有深刻印象的状况下，就向惠好公司辞职，卖掉了位于理想地段的西雅图郊区住房（那里房地产价格日益疯涨），成为了一名全职的土地保护者，他领的工资仅为其之前作为国际知名专家所得收入的一小部分。现在，米尔与妻子［为游客提供岛屿所有连锁旅馆（bed-and-breakfast）的预订服务］一起，在一座虽小却有着漂亮玻璃幕墙的房子中开了一间店铺，该房子位于洛佩斯南部的罗基湾（rocky cove）。

米尔口音纯正，是一位偏于学术研究型的中年男子。在我到访洛佩斯期间，他告诉我，尽管设立了圣胡安保护基金会，对岛上土地的保护发挥了作用，但还是感到滨水区的产业权更为重要。此外，最关键的、最具战略意义的地区是从渡船甲板上可以看见的土地。米尔说道，"那不仅仅指游客看到的风景，也是岛民看到的风景。在他们每次乘坐渡轮向阿纳科特斯前行时，他们会重复地看这些风景。同时，1号公路是一条人工建设的线路。如果能够将它建成为一种绿道，那么我们不仅保护了渡轮路线视域的完整性，同时也保护了其他关键地块——不管这些地块是否在线路上。"

为了实施他的计划，米尔与沿着廊道的土地所有者进行紧密接触，其中一些土地所有者拥有大面积的土地，以签订信托协议——通过立契转让发展权、地役权的方式——来保护从渡轮上看到的风景带。在其中一个项目中，米尔与土地所有者做了一笔交易，获取了位于伍拉德山（Mount Woolard）山顶 41 英亩土地的所有权，这座山的景色可以从轮渡路线水域观测到，具有里程碑意义。按米尔的说法，"根据协议条款，37 英亩土地将保持自然状态。目前，已有 2.5 英亩土地作为住宅基地，除此之外，可能会另建一处 1.5 英亩住宅——在某种程度上是为了保护周围的土地和自然植被；在剩余的 37 英亩土地上，进一步进行土地分割、建筑、木材砍伐、道路修建和开采矿物等活动都是被禁止的。"

沿着轮渡廊道大约总共有 500 英里长的海岸线。在 1989 年，米尔仅仅获取了其中的百分之五，但是他所倡导的具有经济和美学意蕴的绿道理念开始被岛民和西北部保护主义者广泛接受。

可以肯定的是，圣胡安群岛轮渡绿道廊道上几乎没有典型的驾车风景线路，但它仍然提出了一个几乎对所有这种类型的绿道项目都广泛适用的战略——对美国美丽大道中逐渐增加的景观破坏问题的处理方法。让我来对此进行解释。

1964 年，名为彼得·布莱克（Peter Blake）的著名建筑家和学者出版了一本书，扉页写着："写本书时，我并非处于生气的状态，而是处于愤怒的状态——但我自信绝不是盲目的愤怒。这是针对那些因为私利而污染了大部分国土的人，以及针对那些正污染着剩余国土的人的有力抨击。"接下来，在一篇论述这一观点的介绍性短文之后，是几百张图片，以最少的文字进行必要的注释，目的在于揭露美国污染的丑恶。书名为《上帝的废物场》（God's Own Junkyard），它应该放在每一位爱国公民的书架上。

现在，25 年过去了，但上帝的废物场并未有太多改变。如果说有什么变化的话，它变得更加肮脏杂乱。包括杂乱的高压电线、肮脏汽车废弃场、混乱的广告牌、千篇一律的区划、无序的带状开发，以及在道路每一拐弯处突然冲击人们视觉的、由推土机推平并受到污染的土地。布莱克教授书中所描述的景象是如此可怕而触目惊心。回顾 25 年来的状况，从好的角度看，书中所描述的景象不仅仅成为了现实，还使我们明显地变得习惯于现实——这些状况在那些引导城市抵达郊区和远郊的道路沿线表现得尤为突出，一位朋友称这些路为毁灭之路。在这，你将发现，丑陋的景象变成了国家间合作，就像战争一样。

怎么会这样？在 20 世纪 60 年代期间，由于彼得·布莱克和许多人——尤其是伯德·约翰逊夫人（Lady Bird Johnson）——的努力，美国国会通过了公路美化法案（Highway Beautification Act），这部反对混乱广告牌的法律在通过时备受赞誉，但仍然被证明多少有些公然的立法骗术。历史上，广告牌的利益者通常宣称，任何监管都将侵犯宪法赋予的关于广告牌所在区域的经济利用权利。但法庭通常认为，这项特殊的土地经济价值与土地内在价值（比如农作物种植）无关——土地经济价值存在的原因仅仅是由于相邻土地的使用，比如公共道路。这就是所谓的寄生虫原则（parasite principle）。拿走"主人"——道路，那么寄生虫——广告牌的利用价值——将会死去。因此，一般来说，公正的地方法案中通常会规定，在标识必须被移除前，允许有一个分期偿还期（an amortization period），进而不侵犯任何宪法权利。直到 20 世纪 60 年代，都是采取这样一种方式，比如，以加利福尼亚州为例，1940 年所建的 1 号公路，其道路沿线禁止使用广告牌。

随后，美国国会认为新的州际公路系统需要特殊管制并采取了行动。"那好吧，"广告牌游说团体说道，眼睛瞪得圆圆的，眼中满是无辜的合作态度，他们甚至没有考虑到监管应采取公正补偿形式的问题。1964 年的联邦公路美化法案中，国会以取消分期偿还的方式结束了与广告牌游说团体之间的交易，同时拥有了规范广告牌的权利（无论如何这是广告牌游说团体的权利）。目前，在联邦法案的规定下，广告牌所有者在取消他们的标识的同时能够获得经济补偿，这一事件过分削弱了法院核准（court-approved）的分期偿还原则，以至于许多地方发现很难再承担得起规范广告牌的费用。

此外，新的法案允许大型标识设置，通常称作单极（monopoles），应该从半英里之外能够看到。同时，新法案还允许砍伐树木，或者为了凸显项目中的一些标志而清除一些植被，同时允许与所有物商业使用有关的标识存在。关于不协调标识拆除的规定，给广告牌公司留下了一个问题，即哪些标识将要拆除——结果导致了只有无法带来效益的（money-losers）广告牌会被拆除，而这种情况随时有可能发生。依据作家詹姆斯·南森·米勒（James Nathan Miller）发表于 1985 年 6 月《读者文摘》上的一篇短文，结果就是"1983 年财政预算中，政府支付了 2235 块旧广告牌的拆除费用，而同时，公路沿线也增加了大概 18000 块新的广告牌。拆除的大多数广告牌体量小，且位于交通流量较小的公路上。新的广告牌则更大，更高，且位于交通流量较大的地方。"还有更糟糕的消息。现在补偿计划已经无经费对于那些应予以拆除的广告牌所有者进行补偿，所以，广告利益方又有了沿着州际公路设置广告牌的免费区域，相应地，在其他公路也如此。

在我看来，这是一个严重的问题，对全美的景观有着重大影响。站在国家立场来看，广告业中的广告牌就像军火（sporting arms）业中的 AK - 47，是一项流氓产品，通过钻法律的空子使得太多人获得了太多钱。我在这里所倡导的这些，就像前麦迪逊大街（Madison Avenue）的广告人一样——他反对为了吸引顾客而进行户外广告，认为这是一种反社会的行为，而事实上，户外广告确实具有反社会性质。

但也有一些好消息。根据爱德华·麦克马洪（Edward McMahon）的说法，如果说在国家层面，反对路边广告牌的斗争形势不容乐观，那么州和地方则一直在扎实地推进公路沿线广告牌的拆除工作。爱德华·麦克马洪是风景名胜联盟（Coalition for Scenic Beauty）执行董事，该联盟是位于华盛顿特区的一个游说团体，建立于 20 世纪 80 年代初期，致力于推进国家路旁协会（National Roadside Council）反广告牌工作。例如，在鲍勃·米尔原来所在的华盛顿州金斯县（Kings County）立法机关已经通过了一个法案，该法案要求所有有碍于雷尼尔山（Mount Rainier）、贝克山（Mount Baker）、奥林匹克山（the Olympic Mountains）、皮吉特湾，以及湖和河流景观的广告牌应全部拆除，并且创造一个"在 600 英尺范围内的公园，历史区域，开放空间，风景资源地等处无广告牌。"这几乎涵盖了华盛顿州的大部分道路。在佛蒙特州，沿着州级公路（state highways）的广告牌都被雅致的标识所取代，用于描述商业服务设施。由于风景名胜联盟的推进，许多地方最近也出台了严格的法案——包括在加利福尼亚州、科罗拉多州、佛罗里达州、印第安纳州、马萨诸塞州、密西西比州、纽约州、北卡罗来纳州、宾夕法尼亚州、弗吉尼亚州这些州的地方司法管辖区。

目前这些针对广告牌已制定了法案的地方就是风景道路型绿道开始发挥作用的地方。虽然一般市民可能会难以注意到路面改革的影响，仍然有一些鼓舞人心的证据表明了毁灭之路的状况正在逐渐为世人关注：毁灭之路在《上帝的废物场》一书中是最令人泄气的特征之一。甚至联邦公路管理局都开始关注风景道路型绿道。1988 年，联邦公路管理局出版了一流的（first-rate）针对公民的（citizen-oriented）报告，报告名称是《风景道》（Scenic Byways），阐述了基本原理，设计标准，以及建立风景道路型绿道（scenic-road greenways）的融资技巧——包括如何获得联邦公路管理局数十亿美元的联邦援助计划的资助。显然，报告的焦点不仅关注从道路上能够看到美丽景观，还关注如何永久地保护景观。他们的建议包括：

——新的风景道不能比标准的公路用地更加宽阔。❶

——在已确定的廊道区域内部，以风景和休闲使用为由直接征用土地。

——针对需要保护的土地进行完全产权收购，随后回租给相邻业主。

——收购风景地或保护地的地役权，或签订限制性条款。

——进行地方土地利用区划。

——通过特殊的区域规划或其他方式对风景廊道沿线进行州级土地利用限制。

这里提出的方法与用于塔拉哈西（Tallahassee）林冠道路项目（第 9 章所提及的）的方法很相似。联邦公路管理局提出的风景道这一想法并不是简单地设计一条风景道路，而是要随机应变地利用一切法律和财政工具建设一条环绕的绿道。

受到近年来相关事件的鼓舞，风景名胜联盟坚决支持 1989 年国会议案（H. R. 1087），这一议案是指定交通部秘书处研究"认定（在全美范围内的）风景和历史道路的标准，以及制定出认定、促进、保护和提升它们作为风景道和历史道的方法。"如果这一研究得以进行，风景道路型绿道建设者想要寻找的关键要素是如何使风景廊道获得永久性保护（包括联邦资金资助）。通过认定、保护风景道、历史道的方式，风景道路型绿道能够开始阻止毁灭之路的发展。

这类政策具有战略性意义的潜在益处直接来源于米尔景观美学理论（Myhr Theory of Landscape Aesthetics）——在一些地区实施的美学标准会在另一些地区产生类似的美学标准需求。当然，该理论在实际运用中会出现不相一致的结果。其原因是一种源于道德败坏的公民反常状态：如果这里有 20 块广告牌，那有 21 块又有什么关系？如果这里有 21 块广告牌，商业带状发展又有什么关系？如果这是一片商业发展带，那么与历史区域和风景名胜区保护又有什么关系呢？污秽不断地进行恶性循环，直到最后我们创造出一个丑陋的美国。

但是如果沿着一条道路没有广告牌，没有人造的金色拱门会如何呢？那么，我们会不会希望别处也是这样的结果呢？如果丑陋产生丑陋，那么，美丽也能够产生美丽——公民的鼓舞将会使这样的现象得以实现。这就是米尔理论（Myhr Theory）——为了拯救这片蔓延的海岸线，使其免遭侵害，我们敢于拯救另一片，然后再一片，直到最后我们获得与路旁色情行业获得同样的平等权利——它们曾可耻地将上帝的家园变为上帝的废物场，并从中获益。

不幸地，在我们国家面对着混乱危机时，历史和风景似乎都是小问题，甚至我们有时会忘记在我们日常生活中它们究竟有多少价值。如果绿道运动能够帮助我们寻回真实的自然美和历史遗产地，我们将以此为荣。

---

❶　但是，让我们希望风景道路中的绿道利益决策者不会鼓励更多的公路建设。就像奥尔多·利奥波德所写的，"休闲开发并不是一项在可爱的国家进行道路建设的工作，而是在仍然不可爱的人们心中建设感受性。"

# 第8章

# 绿道网络

城镇和乡村必须连为一体，它们联合将会产生新的希望，新的生活，新的文明。

——埃比尼泽·霍华德

在前面的章节里，我对五个主要绿道项目类别中的四个进行了研究：城市河流绿道，有助于城市的人性化；步道（paths）和游径（trails），提供人们到达自然界的通道，在时间允许的情况下，使人们能够更好地了解土地的本质；生态廊道，适用于因现代化发展而带来的景观破碎的地区，能够将残存的野生动物栖息地重新连接起来，以维护生物多样性和生态平衡；风景驾驶路线和历史路线，有助于减轻美国道路视域令人沮丧的丑化和文化景观的破坏。

在某种意义上，第五个类别，地方和区域绿道系统，即本章所阐述的问题，可以简单地描述为以上类型的集合。但是应该强调一点，我所说的绿道网络比将不同类型的绿道首尾连接的形式更为复杂，例如以废弃铁路为基础的游径项目的细长形连接，或者公园和文化特征地——例如布鲁克林区—皇后区绿道以及俄勒冈州波特兰的40英里环形路——的连接。对于建设真正的绿色网络的绿道建设者来说，这些连接项目仅仅是一个开端。绿道网络建设者的兴趣在于针对一个特定的地理区域——主要基于区域地貌，建立一个全面的绿道基础设施网络。

像这样的绿道网络一般产生于具有良好绿道基础的地区，以及需要扩大自然范围的地区。以北卡罗来纳州中部地区为例，卡罗来纳山麓地区最主要的地貌特征是城市多位于水道沿线，而重要地区绿道作为一个有效模式，以该地形为基础建立了以罗利，达勒姆（Durham），查珀尔希尔（Chapel Hill）为核心的三角状城市区域绿道网络。绿道网络通过在水道上叠加绿道框架，保护了这一大型区域性水道系统。但是即使在非常小的区域，如康涅狄格州的雷丁镇（Redding），同样可以创造一个绿道网络基础。雷丁绿带（Redding Greenbelts）是将一连串不连续的游径连接起来的产物。基于区域性山岭和山谷地貌，现有的绿带廊道将雷丁镇超过50%的土地连接起来。

大多数绿道网络项目往往是在本地实施，最多是县级区域层面（a substate regional level），例如连接了科罗拉多州弗兰特山脉（Front Range）社区或连接了纽约哈得孙山谷开放空间的连接型绿道（interlocking greenway）。但是在马里兰州，人们则致力于在全州范围内创造一个全面的、综合的绿道网络。这是第一个以该地区的生态和地貌为基础，试图开发一个全面的绿道网络系统的州级行政区。在这一点上，比起那些简单地将各类线性开放空间集合起来的案例，马里兰州的行动更具雄心壮志。

从地图上看，马里兰州是多种城市风貌和时代风格的混合，这使得建立一个连贯的绿道网络成为可能。虽然高雅的海港中心（Harborplace downtown）及其商店、餐馆、海滨长廊以及著名的国家水族馆，对巴尔的摩（Baltimore）城市面貌有所改善，但这座城市仍不失为一个具有东海岸风格的"刚毅城市"。当然，还有华盛顿特区，郊区和远郊地区，这些地区有着独特的豪宅、商场，以及位于玉米地间的公寓。马里兰州向西是阿巴拉契亚山脉（Appalachian mountains），向东是著名的东海岸，在具有历史意义的马里兰南部古老的南部烟草经济依然存在。

这些语言描述出马里兰州及其周边地理特性，以及在此基础上产生的历史，文化和经济现象——如切萨皮克湾（the Chesapeake Bay）。当然，形形色色的环城公路、州际公路和高流量的公路将州内不同地区的贸易合作连接在一起。但通过一个自然的线性结构——流向海湾的河流以及其支流——也能将这些地区连接在一起。这就是国内最全面的州级绿道网络系统的基础。

幸运的是，马里兰人不是从零开始。最近，让他们兴高采烈的是，州政府官员意识到了部分沿着河流的绿道网络项目已经准备就绪。由于几届州政府官员的远见——最近一届和最突出的官员是州级自然资源部（Department of Natural Resources）委员托里·布朗（Torrey Brown）——多年来，在主要的河流沿岸建立了大量的线性公园，目前总计长度接近 800 英里。尽管建设这些线性公园并非有意而为，但自 1906 年始，这一绿道网络已然成为了一项在建工程。其中大部分地役权是通过卡珀-克兰普顿法案（Capper-Crampton Act）获得的，该法案为收购国家重要地区的公园用地提供资金。近年来，通过马里兰开放空间计划获取了河滨地区的公园用地，这一项目通过房地产转让税（a real estate transfer tax）来获得土地保护和游憩发展的资助资金。在写本书时，已分配了 3000 万美元资助资金用于公园、游憩场地和开放空间建设，其中大部分用于绿道项目建设。根据一个全面的州级指导方针，州议会正在考虑的途径是采取一个援助性计划（grant-in-aid program），以此来鼓励地方政府和非营利组织共同参与到这一全州绿道网络系统建设中来，一条河流接着一条河流被纳入州级整合范围。

一条小支流引起了大家普遍的共鸣——这条支流是绿道网络系统中不可或缺的部分，称为帕塔普斯科绿道（Patapsco Greenway）——绿道网络系统是从它开始的，且它关系到州的重要地理特征：切萨皮克湾（Chesapeake Bay）。从本身来说，帕塔普斯科项目并不引人注目。最初的想法是恢复河流沿岸长达 12 英里、已经退化的城市路段——这里的采砂活动已经进行了一个多世纪，该路段将巴尔的摩市中心（以及海港）与帕塔普斯科州立公园（Patapsco State Park）上游连接起来，同时也是海湾与州级绿道网络系统的重要连接线，使得这些区域连接成为一个整体。据马里兰州开放空间项目负责人威廉·A·克雷布斯（William A. Krebs）的说法，帕塔普斯科绿道的作用具有典型意义，因为它通过多年积累的广大的自然绿道系统，最终将州内人口最多的城市连接起来，为其他缺失性连接的获取和开发提供了尽可能广泛的支持者，同时，这些连接也为公众提供了进入汇入切萨皮克湾的河流和支流网络的通道。

为了使理想变为现实，并致力于实施面向海湾的州级绿道网络项目，马里兰州成立了保护基金会，以协助开发一个全面的州级绿道网络系统项目。据项目负责人道格拉斯·霍恩（Douglas Horne）和罗林·施瓦茨（Loring Schwarz）所说，该项目的首要工作是专家小组将沿着自然廊道对现有的所有公共（和准公共）开放空间——主要是通往海湾的重要溪流、河谷——进行调查并绘制地图，从而建立一个抵达海湾的充分连贯的绿道网络系统。随后，小组将一些地区在地图上重叠，这些地区包括廊道沿线具有较高资源价值的非公有土地，以及在建设与陆地相连接的滨河绿道时具有重要作用的土地——主要是公共线路、废弃铁路和运河等。绿道网络最重要的连接是两个联邦项目：横跨汇入切萨皮克湾（Chesapeake）溪流源头的阿巴拉契亚游径

（Appalachian Trail），以及与波多马克河（Potomac）相平行近 200 英里长的切萨皮克与俄亥俄运河公园（C & O Canal Park）。

由霍恩（Horne）和施瓦茨（Schwarz）负责的这一咨询项目中最具价值的内容非常繁冗，但也非常实用。规划者决定将从阿森纳（arsenal）土地保护技术中获得最佳方式，用于绿道廊道的维护，以及为相关开发标准提供建议——比如游径建设规格等。所有这些信息将会作为一本技术手册出版。州及地方官员，公众志愿者，都可以利用这本手册来创建一个能够完全实现的区域绿道网络。

即使人们尚未意识到这是一个系统或称之为绿道网络的项目，但是对于这样一个雄心勃勃的项目，如果没有前几代的土地保护主义者为该系统获取一部分土地的话，可能就如同天上掉馅饼一样令人难以置信。但是，从这方面来看，马里兰州并不像它的地形一般，看起来那么与众不同。事实上，道格拉斯·霍恩和罗林·施瓦茨相信，一旦找到一个模式，该模式在马里兰面向海湾的绿道建设中能够提供一条合理应用途径，就可以从这些看似无关的绿道中创造出遍及全美的区域绿道网络系统。他们希望同保护基金会主席帕特里克·努南（Patrick Noonan）——努南是美国户外运动委员会（Commission on Americans Outdoors）主席团的一名成员，曾建议为了户外游憩的目的更大力度地开发绿道—— 一起努力，使其他州把马里兰作为一个以自然地形为基础，进而建成区域绿道网络系统的典范。

事实上，区域绿道网络系统——不管是州级、县级、跨州级（at the state, substate, or multistate level）——似乎是绿道运动未来的发展方向。显然，美国户外运动协会报告（总统委员会1987年的报告）的作者们凭直觉预感到了这一发展趋势，具体体现在他们的建议，即"连接美国景观中的乡村和城市空间"。可以预料到，在一份关于户外休闲的报告中，行动建议几乎是在重述或重申游憩学家长期以来提出的设想。利用绿道来连接城市和乡村空间这一设想大胆、新奇和激动人心——对那些对绿道运动深刻含义缺乏了解的人来说，尤其如此。

如今，美国最好的大片乡村土地实际上绝大多数逐渐被城市化进程蚕食——大都市吸引力范围影响着它周围的所有主要城市。城市不断往外扩张使得芝加哥的一些通勤者在他们沿环路回家的路上，进入低等级街道的街道（subdivision streets），在横跨密西西比河时几乎可以闻到一丝洛瓦（Iowa）猪场的气味。为了在最早时刻到达华盛顿特区或巴尔的摩，汽车需要在很早的时候从位于西弗吉尼亚（West Virginia）的车库中驶出，在农民喝完他们的第一杯咖啡前，穿过马里兰的玉米地。在加利福尼亚有些人会购买位于中央山谷（Central Vally）的住宅区（tract houses）——中央山谷是一大型蔬菜生产经营地——以此保证他们能够在海岸山脉的另一侧地区，即旧金山海湾（San Francisco Bay）承担一份工作。实际上，从20世纪60年代和20世纪70年代的跨越式发展的经验来看，乡村和城市的土地交错利用远远超过了预测的程度。正如上文内容以及马里兰州所应用的那样，乡村和城市土地交错过度利用是城乡绿道网络概念所要解决的问题。

美国的政策历来都是企图将城市从乡村剥离出来，从这一角度来说，城乡连接的想法是一场彻底的革命。新城镇（New-town）项目的开发几乎不考虑融入乡村景观，而是致力于进行城市住宅开发。农业土地分区（Agricultural land zoning）的目的是阻止城市开发不断蚕食城市与乡村间的不可见边界。通过富裕社区的债券发行来购买公园、开放空间的土地，不惜任何代价来保持一个地区的田园风光，以此使得原始的海湾城市景象得以保留，但无论如何，乡村和城市的土地交错利用仍然在继续。

相反，绿道网络背后的推动力是整合土地利用，而不是分离它们——将城市和乡村整合成为标准的美国田园（American countryside）形式——即土地的一边连接着市中心，另一边连接着乡村地区。与农民一样，雅皮士也很喜欢这样的土地利用形式，因为绿道网络方便了他们从公寓直接抵达游泳池进行游憩活动。

毫无疑问，绿道网络设想最初来源于某一原始的想法。第一个绿道网络可能在150万年前已经形成，当一群人沿溪流而行——或多或少只是为了好玩，水路指引他们走出了东非大裂谷（这里的物种产生于200多万年前），他们开始了对世界其他地区的殖民活动。以这样一种方式理解绿道网络这一概念，可能会触及到人类本质的概念，对我们而言，可能过于深奥而难以理解。再次重申，绿道网络这个想法并不像人类学等问题般复杂，而是一种切实可行可操作的方法，目的是创造更适宜人们生存的地方——一种美国式的田园，既不是城市，也不是乡村，而是两者兼有——它清晰可见，富于人性化，且通行顺畅。

为了实现这些极具价值的目标，绿道网络规划的名称定为区域规划。美利坚合众国的区域规划比较奇怪的一点是，与地球上几乎每一个文明国家相比，区域规划是那么微不足道。我不想争辩说建立绿道网络相当于区域规划，但我将争辩说绿道可以作为区域规划的先驱。作为有意识指导下而创建出来的绿色基础设施，绿道在帮助我们想象区域规划项目的效果上具有很大的力量。作家托尼·希斯（Tony Hiss）一语道破，城乡绿道基础设施可以创建的是"景观的连接性"。而连接性是至少在过去的一百年里区域规划者们所追求的目标。

据托尼·希斯在《纽约客》（New Yorker）杂志中写道［题目为"邂逅乡村"（Encountering the Countryside），8月21日和8月28日，1988年］，提出通过区域规划连接城市和乡村这一想法的鼻祖是本顿·麦凯（Benton Mackaye）——麦凯将他的阿巴拉契亚游径概念进一步深化，提出了"大坝"（dams）和"防洪堤"（levees）绿道设施的内容（参见第1章），这将控制由公路所带来的都市流。希斯写道："早年的麦凯就意识到景观连接经常被主要的技术创新不知不觉地切断，尤其是高速公路。如果城市和乡村规划能够整合起来，那么乡村可以拯救城市。"

奇怪的是，城乡连接这个想法从未得到实施。在过去这么长的时间，美国已经开发了教育系统、交通系统，我们甚至于正在开发医疗保健系统。不过，全面的土地利用规划——主要是进行城镇和城市的分区规划——只是略高于最初级的水平，从这一角度说，全面的土地利用规划似乎距离我们十分遥远。"这是我的土地，"人们说，仿佛他们正生活在大海中央的一个岛上，"不需要别人来告诉我应该怎样处置它。"结果，一个地区景观的公共价值被一系列自私的决定所扼杀了。因为各类开发活动导致了溪流、河流的污染和泥沙化问题，以及自然区域的毁灭；道路沿线丑陋现象盛行；将土地进行人为的分离使得社会解体，整个生态系统陷于瘫痪。总之，区域规划的缺失造成了乱七八糟的状况——"这是美国人亲手制造的混乱，"一个英国作家这样写道。

正如我说过的，区域绿道网络本身并不能够清除混乱状态，但建立这种基础设施的想法可以为我们提供一种新奇的、较少争议的区域规划的途径，能够为区域规划提供一个以地形为基础的框架。与那些公路和高压线路不同的是，构成绿道的骨架源自景观自身。当然，绿道网络的目标是创建一个聚落形态，本顿·麦凯认为这一形态将适应"特定的基本的人类需求。"麦凯认为，人们都是一样的，需要良性循环的美丽的生态系统，反对丑陋，希望以和谐替代混乱。有一天，也许绿道网络可以引导我们达到这一境界。

# 第9章

## 绿道世界：第二部分

### 米切尔和埃尔南多的树状拱廊

**林冠线性公园道，塔拉哈西，佛罗里达州**（Canopy Roads Linear Parkways，Florida）

这是讲的是关于绿道的创建过程，绿道项目吸引了一群非传统的人——他们想象力丰富，致力于创造新的方法使我们生活的地方比其他任何形式更能呈现出有趣、美好的状态。这样的人经常是与众不同的，就像作为一名保育者的海伦·霍基森（Helen Hokinson）。

以曾经的嬉皮士（并非很久以前）查克·米切尔（Chuck Mitchell）为例。米切尔是一个强壮的运动型男士，15 年前，他和一些来自佛罗里达大学的反主流文化的朋友们决定毕业以后不回家乡或去研究生院（米切尔曾被耶鲁大学录取），而是共同建造一组房屋，然后留在塔拉哈西(Tallahassee)。他们的方法如此非传统，以至于城市的建筑监察人员开始称呼米切尔和他的朋友为"塔拉哈西的疯狂承建商"。事实证明，米切尔在建造房屋方面颇有天赋，他决定选择建筑师作为自己的职业。因此，疯狂设计 & 建筑公司（the Mad Dog Design and Construction Company）——现在是佛罗里达州北部一个主要的建筑公司——诞生了。

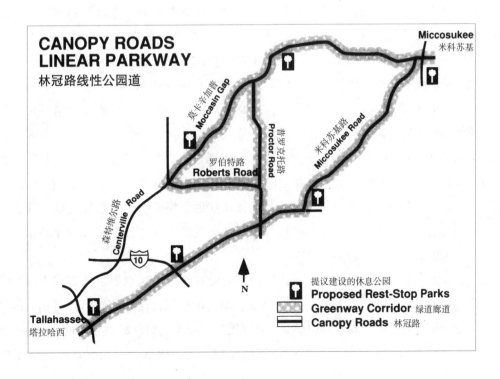

1988 年，米切尔获得了国家公园管理局的一笔奖金，因为他在一次挖掘开发过程中发现了一处与埃尔南多·德索托 [Hernando de Soto，1499—1542 年，历史人物，1532 年秋天，他率领 62 名骑兵与 102 名步兵越过安第斯山，到达印加北部重镇卡哈马卡（Caxamarca），先派弟弟埃尔南多与阿塔瓦尔帕见面，然后订下俘虏印加王的计谋——译者注] 相关的、重要的考古遗址，并对其进行了保护。他下令停止开发工作后，告知州级考古学家应该利用一定时间来决定建设开发工作是否有必要再进行下去。事实证明，时间用得其所。考古学家发现这处遗址，不亚于 1539 年发现的美国境内第一个欧洲建筑遗址。埃尔南多·德·索托在那停留近 5 个月，当初，他第一次率部队向北野蛮进军就是为了寻找黄金。

碰巧，在米切尔和埃尔南多之间还有其他联系。当既不能进行建筑工作也不能进行考古工作时，米切尔曾为阿巴拉契亚土地管理局的一个项目工作，旨在保护塔拉哈西具有历史意义的林冠道路（Canopy Roads），这也是德·索托曾亲自探索的区域。这些从城市向外辐射到邻近乡村的道路，是前哥伦比亚时代（pre－Columbia times）克里克民族（Creek nation）所使用的原始路线——德索托就曾经遇到过克里克族人。继德索托之后，西班牙人接管了这些道路，并永久居住在那儿——从那以后，这些土地为种植园主所有。其中一些道路路面依然很脏，经过几个世纪的使用，这些路面与周围田地相比，下沉了几码。巨大的活橡树在道路沿线排成一行，这些树木蔓延的枝藤与垂落的西班牙苔藓造就了一个树状拱廊，这个拱廊即是指覆盖了古老街道的绿色林冠。道路确实十分漂亮，它们狭窄且没有路肩，粗粗的树干排列得像一列禁卫军。机动车驾驶者对它们常常难以忘怀，自行车爱好者更是如此。

交通工程师提出了解决机动车与非机动车混行这一问题的方法——在塔拉哈西人口增长的同时，机动车与非机动车混行这一问题变得愈发严重——方法是砍断树木，拓宽道路。但对于米切尔来说，这个想法实在是太疯狂了。他与同事们劝说道，应减少道路上的开发，降低车速限制，建立可替代的穿行路线，此外，非常重要的是从拥有邻近林冠道路所有权的大型土地所有者手里获取 200 英尺公路用地的地役权，用于步行游径或自行车游径的建设。像这样的一种行列树廊道将能够永久保护林冠道路，同时提供具有游憩用途的、无污染的替代性交通方式。

与公共土地信托基金会，塔拉哈西历史保护委员会（Historic Tallahassee Preservation Board），Post，Buckley，Schuh Jernigan 工程有限公司，以及公益机构（该机构具有多重角色）一起协同工作，米切尔和管理局共同制订的林冠道路保护规划（Canopy Roads Preservation Plan）于 1988 年 2 月被莱昂县（Leon County）委员会讨论并原则上通过。委员会还建立了一个林冠道路协调组，目前由来自加利福尼亚的社会学家和流亡者埃德·迪顿（Ed Deaton，他出生在佛罗里达州）担任执行主管，该协调组建立目的在于实施一项行动计划。埃德·迪顿已经完成了保护林冠道路的规划，并将目光投向了债券发行的公民投票，获取关键公路用地的特殊税率评估，以及及时开发这些土地的游憩用途等问题。

米切尔，埃德·迪顿以及他们的同事认识到土地所有者可能愿意提供通行权来保护林冠道路，但这些所有者不太倾向于在廊道上开展游憩活动或供社区使用，如越野自行车，徒步以及野餐等。布劳沃德·戴维斯（Broward Davis）是阿巴拉契亚土地管理局主席，也是一位土木工程师、测量师，同时还是一位有着很大客户群的场地规划者。他认为在州级区域发展影响法规

（state's development-of-regional-impact regulations）下强制性捐献的游憩用地，应该用于林冠道路公用土地的获取。不过，他至今未能成功地劝导土地所有者允许公众进入地役权地带。戴维斯说，"现在林冠道路已经被保护起来，我们应该另找时机来进行游憩用途的开发。"

幸运的是，林冠道路得以拯救，那些德索托时期的橡树后代看起来与四个半世纪前它们的祖先似乎是一样的，不管游憩活动是否变成了它的一部分。查克·米切尔的林冠道路线性公园项目是一个出色的想法——在道路沿线建立公园而不是建设一条穿过公园的道路。足够的疯狂就是完全的理智。

## 使城市跳跃

### 河滨公园，查塔努加，田纳西州（Riverpark，Chattanooga，Tennessee）

这个故事始于 1815 年。约翰·罗斯（John Rose）——或者 Kooweskoowe［约翰·罗斯在切罗基时的名字］，蓝眼睛，半个苏格兰人，是切罗基的酋长——在田纳西河上建造了一个码头，在此为民众建立一个贸易中心。不久，约翰·罗斯码头变成了查塔努加市。随着贸易不断增长，田纳西河沿线建起了许多城市，而查塔努加也从它的地理和历史的起源地迁移到另一个地方，而在河流沿线遗留下的古老建筑、堆货场和码头逐渐荒废。

尽管约翰·罗斯旧码头从未被人们真正忘记，但毫无疑问的是，如果约翰·罗斯知道这一码头如今成为了河滨公园重建项目的重点，他一定会兴奋无比。鉴于此，查塔努加人希望重新寻回他们的河流遗产并给予这个城市一次发展经济的机会。河滨公园沿着田纳西河一处 20 英里长的河段扩展，从隶属于田纳西流域管理局的奇克莫加大坝（Tennessee Valley Authority's Chickamauga Dam）延伸到田纳西河流峡谷一个被称作萨克（Suck）的地方。在项目的中心区罗斯码头上，需要规划新的旅馆，写字楼和公寓，而其中最好的建筑是斥资 3000 万美元的田纳西州水族馆——该建筑 7 层高，将是世界上唯一一座淡水水族馆，它的宣传语为"独特的淡水系统，从阿巴拉契亚山脉溪流流出，穿过东南的湖泊和河流"。

河滨公园规划的其他特色包括河滨步道（Riverwalk），一个 2 英里长，耗资 500 万美元的线性公园 – 游径系统，于 1989 年中期开放使用。根据总体规划，河滨步道是公园 – 游径（park-and-trail）系统的一部分，称为河道（Riverway）（在此是一个全新的用语），河道将不仅仅提供游憩用途，还提供了"保护和改善田纳西河沿岸自然环境"的方式。此外，还规划了一个称为遗产码头的新住宅区，作为河流商业发展的补充。在莫卡辛弯道（Moccasin Bend），规划了一个巨大的"城市中心公园"和考古博物馆、竞技场、内战博物馆、植物园、湖泊、行道树林冠大道、散步道、高尔夫球场、新建筑，以及一个毗邻的商务花园。别处，还有一个新的工业园区——称为河港，试图将查塔努加与位于田纳西州汤比格比（Tombigbee），俄亥俄州，密西西比河流系统上的每一个岛港连接起来，它可能吸引 7000 万美元的私人投资并创造 1000 个以上的工作岗位。在河港发展过程中，还将建造一个占地 55 英亩的阿曼尼科拉公园（Amnicola Park），

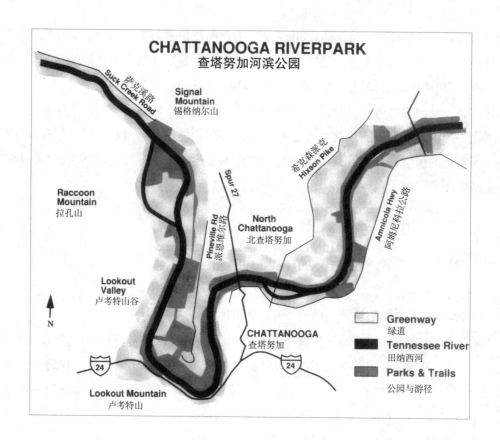

该公园作为一个自然保护区，由田纳西野生动物资源管理局管理维护。抛开城市本身，规划要求新的住宅区开发要与保护河岸自然状态结合起来。查塔努加河流重建项目预计在未来可以吸引共 7.5 亿美元的投资。

"许多城市都向着大胆的梦想前进，"水城公司（RiverCity Company）副总裁吉姆·鲍文（Jim Bowen）就像是现代的约翰·罗斯，他说，"但只有少数城市会给予一个组织适当的人员和经费，帮助他们实现规划。"他指的这个组织正是水城公司。当河滨公园主要规划完成时，该规划所提议的水城公司便成为一个非营利组织来协调重建项目。8 个当地基金会和 7 家银行共提供了 1200 万美元的资金用于项目开发。据公司董事会反映，公共部门和私营部门各占 50%。"我们的目的，"鲍文说，"是帮助城市和县政府以及普通民众实现田纳西河廊道沿线和查塔努加市中心的高品质发展。我们可以聘请专业援助人员，购买土地，提供贷款并进行开发（作为最后的资源），从而使这个城市重新焕发活力。"

鲍文接着说："我们做不同的事情，为一家当地餐馆提供起步资金贷款，为当地一家历史剧院翻新的私人赠与提供担保（210 万美元），支付一个新的公园 – 游径系统的设计和筹建费用（70 万美元），针对田纳西水族馆的建造提高了私人赠与金额（近 2700 万美元），在田纳西河河滨公园第一阶段建设中为当地政府贷款 170 万美元。"

尽管许多位于城市滨水区内的绿道项目都会吸引新的业态，对于河滨公园来说，经济发展和保护占据的比例不一定相同。如同一位田纳西人所说，"绿道能够赚取美元，而不是花费美元。"当然，切罗基节俭的苏格兰首领（thrifty Scottish chief）会非常喜欢这个想法的。

# 芝加哥港口的历史

**伊利诺伊州与密歇根州的国家级运河遗产廊道，芝加哥到拉萨尔，伊利诺伊州**

　　法国人称之为芝加哥港口道路，是一条从密歇根湖下游芝加哥河到达德斯普兰斯河（Des Plaines River）的陆路——德斯普兰斯河与芝加哥河不同，没有汇入密歇根湖而是向西汇入了伊利诺伊河，然后汇入密西西比河。天啊！17 世纪末期，来自法国早期的渔民用力拖着那些皮毛和驳船，渴望一条水上路线。尽管在 1673 年，神父马凯特（Marquette）和路易斯·乔利埃特（Louis Joliet）曾经敦促开创一条水路，但法国人并没有建造它。

　　取代德斯普兰斯河的是由爱尔兰劳动者用了超过 12 年的时间，于 1836 年开凿成功的长达 100 英里的伊利诺伊与密歇根运河。是中西部的美国工业家而不是法国船夫资助了这个项目，并建造了芝加哥城——又称为世界屠猪城，巨肩之城（hog butcher to the world，the city of broad shoulders，芝加哥的别称）。直到 1848 年，运河完工，内置了十五块精心安装的深锁石。沿着密歇根湖和越过拉萨尔的某一地点之间的牵道，骡子和牲畜拉着沉重的驳船用力前行——在这一地点上伊利诺伊河变得深且宽，在一个长且平滑的弧形处转向南边，汇入圣路易斯的密西西比河北部。

　　最终，繁荣时代来临了。在运河委员会总部所在地——洛克波特（Lockport）——仓库和大厦拔地而起。那时，洛克波特是伊利诺伊州人口最多的地区。在 1858 年 8 月一个炎热的星期六，在伊利诺伊州的渥太华（Ottawa）——另一个运河城镇，人们从几英里外聚集而来，听参议员道格拉斯（Douglas）与林肯（Lincoln）之间的辩论——辩题是长期饮用来自南部州的水是十分可笑的。

　　伊利诺伊与密歇根运河的鼎盛时期是短暂的。内战后，铁路的兴起对运河的航运事业是一个严峻的挑战。此外，水路无疑是工业化以前设计的，伴随着 19 世纪后半期的城市繁荣，需要一个更宽、更深的水路。因此，19 世纪末，挖掘了一条与伊利诺伊与密歇根运河平行的新的运河，即现代芝加哥环卫与船舶运河（the modern Chicago Sanitary and Ship Canal）。随后在 1930 年，又建设了另一条运河——伊利诺伊运河。鉴于此，原有的水路被加深和加宽了。至 1933 年，旧的伊利诺伊与密歇根运河歇业了，运河沿线的仓库、大厦以及旧城镇陷入了长期的衰败。在 20 世纪 30 年代末期，民间保护联合会（Civilian Conservation Corps，CCC）的成员将运河的最后 60 英里沿线改装为牵道，用于有限的娱乐性项目使用，但这个牵道没有得到维护，水闸年久失修。随后爆发了一场战争，到战争结束时，整个运河行业处于一种令人失望的混乱状态。最具破坏性的打击来自 20 世纪 50 年代，伊利诺伊与密歇根运河最北端的 13 英里在悄无声息中被用于高速公路建设。来自交通的嗡嗡声轻松地遮掩了曾经精彩的历史古运河。

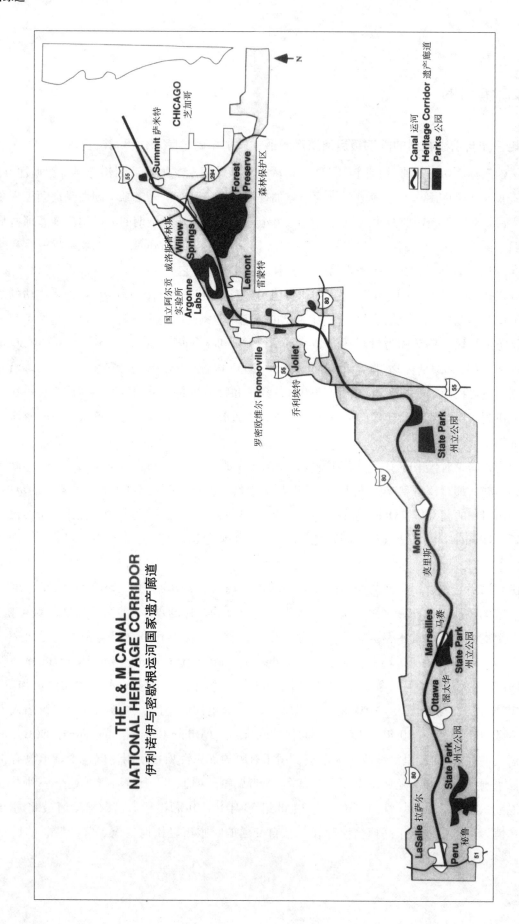

THE I & M CANAL
NATIONAL HERITAGE CORRIDOR
伊利诺伊与密歇根运河国家遗产廊道

这不是一个美好的故事，但它并未终结。1963 年，芝加哥成立了一个开放土地项目机构，针对伊利诺伊州北部的自然和历史遗迹的加速破坏采取相关措施。在实施了几项成功的举措后，开放土地项目想起了旧的伊利诺伊与密歇根运河。经过长期而卓有成效的工作，这一机构成功地说服了伊利诺伊州官员接管曾由民间保护联合会开发的破旧的步道（path）——乔利埃特（Joliet）和拉萨尔之间的 60 英里段，并将其改造成为了一个州立公园。1974 年，新的伊利诺伊与密歇根运河州立公园正式启用。这是一个不错的成果，但尚未取得全部成功。事实上，开放土地项目希望州政府来接管整个运河，但公园管理人员宣称最后 25 英里——从吉利特到萨米特（Summit）一段——"过于工业化"——且处于城市的边缘区，"距离太远"以至于很难采取任何行动。

但是，开放土地项目其中一名工作人员杰拉尔德·W·阿德尔曼（Gerald W. Adelmann）并不认可这样的借口。他关注运河的工业化部分有两个原因。其一，他是一个训练有素的历史学家（毕业于乔治敦大学），他在华盛顿特区史密森学会（Smithsonian Institution）工作期间，对美国工业时代迷人的文物产生了强烈的兴趣。其次，他是第六代洛克波特（Lockport）人，其家族回忆中充满了古运河（I & M）的昔日辉煌。运河已经深入他的骨髓。当他离开华盛顿回到家乡后，阿德尔曼加入了开放土地项目，并着手恢复古运河。"问题是，"阿德尔曼告诉一个记者，"如何使它清澈、可进入并相互连接起来……总的来说，它是一个迷人的历史遗产的集合，横跨了整个美国工业技术时代——一个巨大的露天博物馆。"终于，在 1979 年，开放土地项目筹集到资金，对这条被州级部门忽略了的古运河工业化延伸段进行了详细研究。阿德尔曼的这些惊人发现连同他为游说州立公园管理部门时获得的早期资料，共同形成了一系列关于芝加哥运河文章的基础。为第四等级（新闻界的别称）奠定了基础。这些文章有助于参议员查尔斯·珀西（Charles Percy）在美国国会提出一个议案，责令国家公园管理局对剩余的古运河进行研究，并决定将古运河列入国家公园候选名单。

国家公园管理局的研究报告于 1981 年完成，包括了 39 处重要的自然地区——冰川沼泽、未开发草原、湖泊、公园（包括 11 个州立公园）和老树林——以及超过 200 处的真正的历史遗址，范围从印第安古墓（Indian burial mounds）到林肯（Lincoln）和道格拉斯（Douglas）辩论的地方：渥太华的雷迪克大厦（the Reddick Mansion）。显然地，运河廊道是一个国家珍宝，但沿线几乎没有一个典型的国家公园。大部分土地具有很高的经济价值，并为私人所拥有。而且，运河沿线已经有了州级和地方级公园，尽管有些不连续。显然，我们需要一个新的开发方案。

杰拉尔德·W·阿德尔曼（Gerald W. Adelmann）、国家公园管理局、州和地方官员和商业领袖等共同赞同的一个新方案是在国家公园管理局没有拥有任何土地的情况下，使运河廊道成为一个国家公园。它将是第一个由地方管理的国家遗产廊道。而且，与大多数公园不同的是，它在具有保护作用的同时，也具有经济目标：调节整条廊道的气候，以利于经济增长和发展。基于这个原因，这一项目不仅得到了普通保护组织的支持，还得到了芝加哥最大的商业巨头和工业巨头们的支持。伊利诺伊州制造协会前任主席埃德蒙·桑顿（Edmund Thornton）说，"伊利诺伊与密歇根运河促进了中西部以北地区的工业和商业的发展。工商界应该为运河遗产感到自豪，并努力维护它。"

环境组织和商业界的联合支持向国会证明了保护古运河的不可抗拒性。1984 年，一部伊利诺伊与密歇根运河国家遗产廊道法案（national heritage corridor bill）得以通过，该廊道包含了一个 5 至 20 英里宽，120 英里长的历史区域。通过立法，运河委员会诞生了（虽然刚开始这一委员会只是一个苍白的影子），以协调廊道全线的保护和发展项目。委员会获得了每年 25 万美元的行政预算，但没有资本预算。

事实上，推进运河自然和历史保护的主要参与者是同一个人与同一个组织——杰拉尔德·W·阿德尔曼和开放土地项目。阿德尔曼曾从开放土地项目（OLP）辞职，专心致力于伊利诺伊与密歇根运河项目，之后，又作为执行董事重新加入开放土地项目，同时还保留着伊利诺伊山谷协会（Upper Illinois Valley Association）主席职位——伊利诺伊山谷协会是开放土地项目于 1982 年设立的一个分支机构，目的在于推动运河的发展。通过致力于科学研究、出版刊物、筹款等，协会为运河提出了一个长远计划：创造一条连续的游径，以保护历史遗址和自然区域，为工业资产寻找到适应性较强的再利用途径，以吸引新的商业和工业落户廊道区域。

将伊利诺伊与密歇根运河恢复到它曾有的鼎盛时期仍需要很长时间——可能会比当初花在开发上的时间更长。但一个项目接着一个项目，1 英里接着 1 英里，一条运河复兴梦想正在逐步实现。这也算实现了早期船夫所希望的建造一条水路的梦想——这一梦想，在神父马凯特（Marquette）看来，也许是一个奇迹。

## 存在于峡谷之间的公民自豪感

**亚基马绿道，亚基马，华盛顿州**（the Yakima Greenway, Yakima, Washington）

华盛顿州中部酷热盆地的外部是亚基马（Yakima），热爱亚基马的人们称之为"世界苹果之都"。那是一个小巧而洁净的县城，但也存在一些严重的经济和社会问题。问题之一是社会对农业的依赖，以及农业自身繁荣—萧条的经济周期。问题之二则更为具体——普遍贫困和社会反常状态困扰着大批具有移民工作性质的（随季节迁移的民工）农业劳动者，这些劳动者曾跟随着作物的成熟而向北迁移，有的则干脆留在亚基马而不再返回南部。在 20 世纪 80 年代早期的最糟糕阶段，由于这些因素，全部失业人口达到 22%。

像亚基马这样的城镇（市区和外围地区人口数约为 8 万），专业人士、年轻人和有较高社会地位和经济地位的人通常都会选择离开这里。"谁需要这样的地方？"他们可能会问——"这样的地方"是指被农业和城市失业等问题所困扰的一个小城镇，一个位于半沙漠地区的孤立社区，向西与灯火闪烁及有着好工作机会的西雅图 – 塔科马（Seattle-Tacoma）仅有 150 英里之遥。然而，不知何故，尽管与沿海大城市隔离，这个地方普遍存在着乐观积极的态度。这肯定有多方面的原因，但其中在当地获得认可的原因之一是亚基马绿道（Yakima Greenway）产生的磁场效应，以及亚基马地区有名的峡谷间接力赛（Gap-to-Gap Relay）——它像华盛顿州任何市政企业一样令人愉悦。

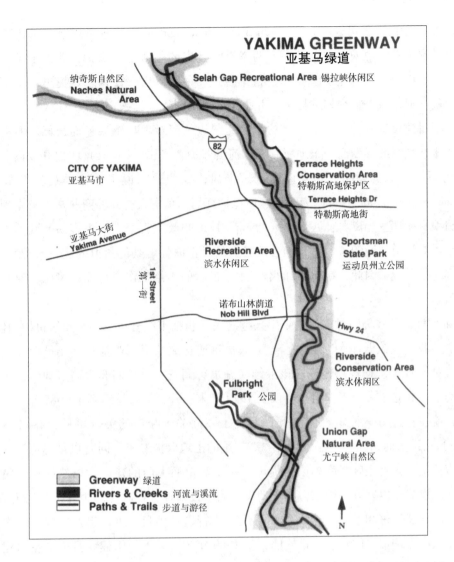

　　从春季暴雨和融雪水汇集大量水源后，亚基马河在附近瀑布处上涨，然后在东南处下落，进入华盛顿州中部的干旱景观区。在亚基马北部，河流穿过一低矮的玄武岩山脉，该山脉称作锡拉峡（Selah Gap），它的南部是一片宽广的农业区域，大量的水源用于灌溉果园的苹果、樱桃、葡萄园的葡萄，以及在农场支起较高的 A 型架种植的葡萄。

　　在锡拉峡下方，河流绕过城市随后展开，交替分叉成为分开的渠道，随后重新汇合，然后在一郁郁葱葱的自然廊道处再次分叉，尽管沿线有着倾倒的垃圾、砂石场和材料堆放场，该自然廊道还是保留了许多原始之美，在 I-82 处，出现了分岔路（cloverleaf interchanges for I-82），州际公路与河道平行。在城市南部，河流流出这一区域，另一个峡谷也是一座低矮的玄武岩山脉，称作尤宁峡（Union Gap）。两峡谷之间 10 英里长的带状土地，现在变成了亚基马绿道（Yakima Greenway）。

　　虽然现在这条绿道作为成功的案例已闻名于世，但是在最初的几年，这个项目几近失败，尽管在华盛顿州州议会上显现出了有利的开端。从 1949 年开始，就持续有了一些保护河道的零星努力，终于，在 1975 年，以亚基马的吉姆·怀特塞德（Jim Whiteside）为首的州级立法委员拨出专款来研究两个峡谷之间的廊道问题，目标是在州政府支持下创建一条绿道。政府聘请了

西雅图琼斯 & 琼斯设计公司（Seattle design firm of Jones and Jones）进行规划，到 1976 年该公司已经编制出了绿道总体规划，重点是河流两岸沿线宽广的土地带的保护，并提出了一系列的游憩和自然公园，以及连续的徒步游径和自行车游径。一年以后，怀特塞德提出了一个关于创建华盛顿州亚基马河区域保护规划的提案，并指定了不同州级部门来实施这一规划。

最后，项目建设都开始启动了。保护者们为州级部门对项目感兴趣而鼓舞。但由州级部门控制的做法激怒了当地开发商和土地所有者，河流保护者（river-savers）明白开发商和土地所有者被激怒的原因。事实证明，开发商占据了上风，成功地劝说了立法委员将亚基马县委员（Yakima County commissioners）作为实施区域保护规划的负责人。开发商非常了解由地方选举的委员来实施项目比那些远离奥林匹亚山（Olympia）的州政府官僚们要更容易受到其施加压力的影响。但是反对绿道建设的人们不必担心。县委员会正面临着其他紧迫的优先事项，无论如何，这一规划都将被搁浅。因此，在 30 年的努力中，最后的 4 年工作变得非常紧张，亚基马绿道基本消失了踪影。

1979 年 5 月，那些仍旧对绿道规划感兴趣的人（包括市级官员，县和州级机构和保护团体）召开了一个"我们应该做什么"会议。与会人员迅速达成共识：亚基马县委员会应该委派一个官方工作组对琼斯 & 琼斯规划是否应该继续实施进行调查。委员们非常高兴地给予了响应；在该会议推动下，成立了一个工作组。会议从 1979 年末召开，一直持续到了 1980 年。

期间，就在备选方案被审查的时候，发生了一件关于绿道的关键事件：乔尔·库珀伯格（Joel Kuperberg）来此访问——他是一位德高望重的土地保护专家，同时也是总部设在旧金山的公共土地信托基金会副主席。库珀伯格提出了一个简单而大胆的建议。虽然许多公民主导的保护团队渴望绿道规划以官方的影响力和资助资金为假设前提，在政府的主导下"公开宣布"，但是库珀伯格的建议正好相反。他建议"私下地"进行这一项目。工作组意识到了过去行为的无效益，迅速认同库珀伯格的建议是正确的，于 1980 年 3 月，工作组建议县委员会组建一个私人的非营利性基金会，委员会同意了，并在一个月内成立了亚基马河地区绿道基金会（Yakima River Regional Greenway Foundation）来承担实施琼斯 & 琼斯规划的责任。据基金会中一位发起人——基金会现任主席迪克·安德瓦尔德（Dick Anderwald）——的说法，正是这一举措，打破了多年来规划实施受挫的僵局。

安德瓦尔德，他的工作岗位是亚基马县的规划负责人，针对土地保护，并不反对政府提供赞助。但是对他及助手来说，必须面对现实。其中之一是政府赞助尚未达到（或者达不到）该项目所需政府拨款的数额。另一个是需要当地民众的支持使绿道变成现实——包括个人捐款、企业捐款，以及基金会资助。显然，对一个依赖税收来支持项目建设的政府机构来说，要求其为一个特殊项目进行额外的志愿支持，这看起来有些矛盾。

另一个影响绿道规划"私下进行"的因素是绿道沿线的土地所有者——他们中的一些人具有情感倾向，具体表现就是排斥与政府机构打交道，不管是与州政府还是地方政府。安德瓦尔德及同事决定，一个公民主导的基金会可以筹集资金，而不是增添麻烦。

基金会章程的墨迹还未干，这个项目就收到了一份捐赠的土地，该土地方圆约 20 英亩。几周以后，基瓦尼斯俱乐部（Kiwanis Club）也认捐了一笔 5000 美元的捐赠。之后过了几个月，一块关键的 31 英亩土地以低价出售——该价格比其评估价值低了很多。第二年，在鲍勃·霍尔的雪佛兰经销处［霍尔目前是多线路绿道汽车广场（multiline Greenway Auto Plaza）的所有者］举行了一次土地所有者会议，获得了额外的土地捐赠和低廉的土地出售价格。几个月后，由绿道油箱俱乐部（Greenway Tank Club）承办了第一次重要的公共资金筹集活动，建议民众骑一周的自行车，捐赠出他们节省下来的满槽汽油的成本。组织者观察到，这是一种有效地获得公众支持的方式。

发生了什么事？突然地，其中一位绿道领导者指出，"绿道这一想法已经变成有形且与其他事物相连接的东西。"

尽管在 1981 年就确立了实施琼斯 & 琼斯规划的开端，但第一次成功的萌芽并未获得进一步的发展。与土地所有者的谈判仍在继续。之后，更多的资金筹集活动得以举行——漂流旅行，T恤售卖——为购买开发所需土地而筹集资金。随后，1983 年，当地的百事可乐公司（Pepsi Cola bottler）捐赠了用于建设第一段步道的资金，这一事件引发了另一活动。之后的两个月内，坚定的吉姆·怀特塞德离开州立法机构成为了一名县委员会委员。在他的指导下，该规划通过一个资金筹集活动，从社区资源中筹集到 45 万美元，捐赠数额从 1 美元到 5 万美元不等。

随后，由于受到百事（Pepsi）捐赠活动的启发，基金会开始着手于说服不同的组织和机构赞助绿道的其他路段。州政府提出扩展运动员公园计划——该公园是位于绿道中心的一处游憩设施。基瓦尼斯俱乐部（Kiwanis Club）宣布它将在步道（pathway）南端建立谢尔曼公园（Sherman Park），于是奥杜邦协会（Audubon Society）为一个野餐棚（a picnic shelter）支付了 1000 美元，男童军（Cub Scouts）打造了很多野餐桌。1983 年末，亚基马县允许基金会开始建设哈伯德河滨公园（Sarg Hubbard Riverside Park）——该公园是在原为一城市垃圾场之上建立的一个关键的游憩区。州政府给予了一张 135000 美元支票用于开发游憩区。圣伊丽莎白健康基金会（St. Elizabeth Health Foundation）和富国银行（Wells Fargo Bank）给予了 7500 美元用于建设一条健身游径。亚基马政府捐赠了曾用于巴士站建设的砖石板，它们经过重新组合变成了美观的洗手间。监外劳役的囚犯将玻璃和罐头从绿道所经地区清除掉。亚基马绿道就是这样被建造出来了，1 英尺接着 1 英尺，1 英亩接着 1 英亩，1 个公园接着 1 个公园，1 美元接着 1 美元，在本书撰写期间，它仍然处于建设中。

为了庆祝这项公民主导的卓越成就，同时也为了筹集资金继续进行建设，基金会成立了目前闻名西部的亚基马绿道峡谷间接力赛（the Yakima Greenway Gap-to-Gap Relay）。第一次举办这一活动是在 1985 年，共有 33 支队伍参赛。至 1989 年已经有 175 支团队参赛了——例如煤气路人（Gas Passers），或福德船队（Gas Passers），或恐怖蒂姆（Terrible Tim）和海龟（Turtles）。参赛团队通过骑自行车、划船，以及沿着绿道走廊跑完使人筋疲力尽的 40 英里路程的比赛，优胜者获得一等奖。在乔尔·库珀伯格提出建议（私下地进行项目）之前的那些黑暗日子里，绿道获得的土地、资金和公众支持少得难以想象。出乎意料的是，这一私下进行的项目比任何政府机构的项目都更为公众所知。从一开始，基金会——或者是亚基马民众——就对河流沿线 3600 英亩土地的保护和许多游径的建设发挥了重要的作用。

绿道的存在对亚基马民众的自豪感有何影响？也许没有人能比迪克·安德瓦尔德回答得更

好。作为一名有着国家荣誉感的规划者，安德瓦尔德几乎在任何地方都有属于他的工作机会，包括他的家乡西雅图——该地在环太平洋地区具有极高声誉。但当有一次一名采访者问他西雅图是否已不再吸引他，或者目前是否还安于居住在这一尚未厌倦的小城市时，安德瓦尔德变得有些不知所措。"为什么？我不会为了任何原因让我的妻子和孩子离开这里，"他说。"这条绿道不仅仅是我的工作，它对于居住在这里的每一个人都有着巨大的好处，包括我们自己。我们爱它，我们会一直留在这里。"

## 连接：区域规划和游径使用

**海湾和山脊游径，旧金山海湾地区，加利福尼亚州**（the bay and ridge trails，San Francisco Bay Area，California）

"当我们穿过大桥时，那是我们唯一一次看到海湾，"苏珊·菲利普（Susan Phillips）说。

"郊区办公场所不断膨胀和扩展至乡村区域，"朱迪·库诺斯基（Judith Kunofsky）说，"正在掠夺海湾地区的乡村。"

这个现象并不奇怪。在20世纪80年代期间，旧金山地区人口增长速度与美国任何一个大型城市一样快，或者更快［石油供过于求（pre-oil glut）时期的休斯敦可能是个例外］。新的开发似乎是围绕着海湾展开的，同时购物中心、郊区写字楼、粗制滥造的单一建筑以无情的扩张速度迅速向外蔓延。事实上，描述性术语"粗制滥造的单一建筑物"起源于旧金山郊区的作词家马利维娜·雷诺德斯（Malvina Reynolds）。

在过去的25年里，海湾地区的领导人尝试通过各种区域规划的途径来控制这一地区失控的增长，一位当地专栏作家称之为"海湾上的巴格达"（Baghdad on the Bay）。不过，问题并不仅仅限于增长失控。事实上，在海湾地区的九个县域内有几十个司法管辖区，这些区域都觊觎特权，并渴望在经济市场中占领更大份额。历史上，他们遭遇了一些阻力，把这些地区合并为一个具有政治效力的单位（one political unit）的想法未能实现，结果是，在20世纪50年代中期，不协调的增长出现了。由于城市工业和房地产业恶性竞争的发展，导致海湾地区海岸线遭受了令人震惊损害——当然，不排除部分损害是海湾地区填土造地所致，20世纪60年代中期，海湾地区的政治家终于通过州级立法，建立了海湾保护和发展委员会（Bay Conservation and Development Commission，BCDC），以此来控制为了建设用地需要而填埋海湾湿地的行为。同时，组织了海湾地区政府协会（Association of Bay Area Governments，ABAG）来促进城市区域合作规划。

同时，已故的多萝西·厄斯金（the late Dorothy Erskine）（一位不服输的具有为公众服务的精神和干劲的女士）于1958年建立了一个公民组织——开放空间之家（People for Open Space），以寻找保护都市地区乡村景观的途径。实现保护的途径是在绿带环绕着的都市地区进行限制性开发，都市地区是一个将公园、湿地、农田、乡村农舍和牧场连接起来的公园，方圆380万英亩，该公园仿照了于1938年创建并在第二次世界大战后大幅度扩张的伦敦绿带模式。如果海湾

旧金山海湾与山脊游径系统
# THE BAY AND RIDGE TRAILS

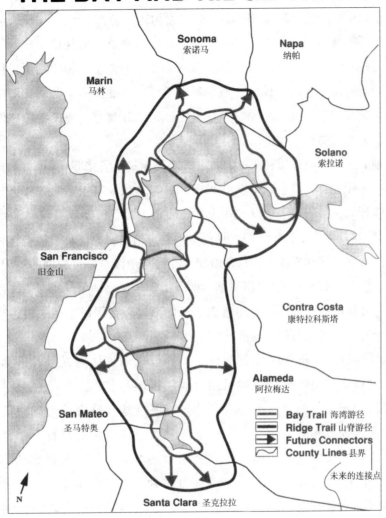

地区的土地在房地产开发热潮下能够保持未开发状态，那么，绿带就能够限制城市化地区的开发活动，并为海湾地区的居民在可视范围内提供真实的乡村景观。

为了减缓海湾地区的城市化，市民们敦促联邦政府建立了金门国家游憩区（Golden Gate National Recreation Area，GGNRA），使其成为国家公园系统的一员。金门国家游憩区接管了海湾周边的大片多余的军用土地，将它们改变为休闲用地，不允许出售或开发。

这些举措是极为勇敢而重要的努力——包括海湾保护和发展委员会–海湾地区政府协会（BCDC–ABAG）规划，将开放空间之家（POS）绿带，金门国家游憩区整合起来，而且它们极具成效。被填埋的海岸有所减少，更多的乡村开放空间被保留，并提供了更多的游憩机会。但是，海湾地区土地保护的思想未能在地区自然资源保护方面引起公众足够的关注，同时，也未能为其支持者提供所期望的合作行动，以达到保护的目的。20 世纪 80 年代期间，正如 50 年代、60 年代和 70 年代一样，由于人口不断增长，人口压力增大，开发行动不断加快，从海岸带延伸到了高原地区。

随后，在 1987 年出现了两个新思路，可能有助于民间和官方转变关于区域规划和土地保护的传统观点。其中之一是海湾游径（Bay Trail），该项目由州级立法机构建立，由海湾地区政府协会实施。另一个是山脊游径（Ridge Trail），该项目由国家公园管理局和开放空间之家［改名为绿带联盟（Greenbelt Alliance）］共同努力协同合作。山脊游径所在地区曾进行过冷静、理性和理智的全区范围规划，那时，规划起到平息和抚慰百姓的作用，相比之下，将游径作为个人到达海边或乡村开放空间的廊道的设想，似乎具有不可争辩的活力。此后一两个月内，关于两条游径的理念一直颇受关注。当两个项目被宣布之后，地方政府、公民组织和保护团体几乎马上签约成为合作者，并被要求采取行动。

海湾游径计划的建立，源自加利福尼亚州立法委员比尔·洛克耶（Bill Lockyer）［他来自海沃德（Hayward），一个东部海湾城市］提出的一项议案。该议案指定海湾地区政府协会制定一个规划和一个实施计划，目的在于建设"一个环绕旧金山和圣巴勃罗海湾（San Pablo Bays）的连续性游憩廊道。"这是一个新的想法吗？抑或也不是。据海湾地区政府协会执行董事、同时负责启动这一计划的苏珊·菲利普认为，这条游径"在海湾地区是一个长期的梦想，"但从未真正被认同是可行的。迄今，菲利普说，"海湾地区的海岸带曾经是一个堆填区，工厂和港口设施存在的地方。但随着社区的增长，人们开始意识到海湾海岸带在居民生活中极为重要，是一个有价值的地方，一个有着巨大潜力的游憩区。"

尽管海湾游径计划是由州立法委员会启动的，但规划工作则是以社区为基础的。游径路线不仅仅由规划师根据地图设计，同时当地居民也参与其中。在经过数月紧张的努力之后，由菲利普主持，记录下公民名单和调整建议，海湾地区政府协会制图员绘制了最终的游径系统图。海湾游径有 400 多英里长——这是一个包括硬化的自行车游径，自然表面的步道，甚至沼泽地区的栈桥（木板路）等多元组合的游径系统。菲利普估算最终的成本可能在 2200 万美元至 3300 万美元之间，需要通过多种渠道筹集资金——主要包括当地的游憩预算经费，区域和州级开放空间债券发行收益，私人捐款，来自联邦公路资助的自行车游径建设经费等。

尽管成本估价较高可能会导致海湾地区一些市政官员们一时难以接受，但是没有人真正放弃过这一理念。官员们知道海湾游径是一个非常好且重要的想法。在公众的热情支持下，海湾游径最终将会变成现实。比尔·洛克耶（Bill Lockyer）说他将给予不同的政府机构一些时间，让他们自己来看看应该怎么做。如果过慢，他将提出一个债券发行的议案，以资助计划经费的一部分。"我们希望，"洛克耶在 1989 年《旧金山编年史》（San Francisco Chronicle）中谈到，"在未来的 10 年内大量的游径系统将建设到位。"

同时，在乡村地区，绿带联盟（Greenbelt Alliance）看到另一条环形路线启动的可能性，这条线路围绕海湾地区山脉脊线展开。当国家公园管理局主任威廉·佩恩·莫特（William Penn Mott）被告知这一想法时，他欣喜若狂，说他也曾考虑到这一想法——事实上，在 20 世纪 60 年代和 70 年代期间，当他担任东海岸区域公园系统（East Bay regional park system）主任时他就在考虑建设一条山脊游径的可能性。因此，山脊游径诞生了。一个好设想总是要经过许多人的酝酿。由此可见，这确实是一个好主意。

据杰蒂斯·库诺斯基（Judith Kunofsky）的说法，许多公民团体，市政机构以及其他组织于 1987 年 11 月参加了一个组织会议，正式组成了海湾地区山脊游径协会（Bay Area Ridge Trail Council）。在金门国家游憩区（Golden Gate National Recreation Area, GGNRA）员工（所属国家公园管理局）的帮助下，山脊游径的组织者很快就吸引了志愿者组建成工作团队。一位国家公园管理局工作人员马蒂·莱斯特（Marti Leicester）说，"当绿带联盟向我们展示大量的'翡翠项链'（a necklace of green）已准备就绪时，我们就知道必须努力去实现它。"大量的山脊开放空间是公共所有土地，由金门国家游憩区，马林县开放空间区域（Marin County Open Space District），大巴列霍游憩和公园区（Greater Vallejo Recreation and Park District），东海湾地区公园区（East Bay Regional Park District）［莫特（Mott）以前供职的机构］，加利福尼亚州立公园（various California state park），半岛中部地区开放空间区（Midpeninsula Regional Open Space District）和位于圣克拉拉（Santa Clara）及圣马特奥（San Mateo）的县级公园所免费提供。

游径开发的主要标准由绿带联盟、公园管理局和其他机构共同制定，为：（1）尽可能接近可以看到海湾全貌的最高山脊线，从海湾地区的城市到此只需要一个小时的车程；（2）最大可能地穿过公共开放空间和河流流域，尽量减少由于穿越私有土地而获取地役权的必要性；（3）为已存在的游径和将要建设的游径系统提供连接。在经历了广泛的制图、田野调查和地方讨论之后，所要求的校准（the general alignment）工作——比如，海湾游径大约长达 400 英里——用了 9 个月的时间才得以完成。随后，山脊游径协会开始与不同的市政机构合作，在司法管辖权内协助他们完成每一部分。工作所需的资金由当地政府承担，以及多样化开放空间债券发行和其他资金来源的资助。山脊游径协会希望建立一个认领一段游径基金会来鼓励私人认购。杰蒂斯·库诺斯基说："我们的目标是在五年内完成游径穿越公共土地的所有路段。"

但比起简单的一条游径，工作中还有更多的故事。事实上，对于官员和政治家来说，绿道这一想法的提出突然使绿带这个概念更为清楚明确。原因是所有宣传活动的目的都是让人们利用游径以散步和骑自行车的方式走进景观中，使得保护大型绿带的需要变得生动而迫切。绿带联盟执行董事拉里·奥曼（Larry Orman）说，"如果缺乏进入被保护土地的体验，则难以让人们参与进来——这就是我们期望游径能够将绿带推销给民众的原因。"如果他所说的是正确的，山脊游径项目将有助于在美国产生第一条伦敦模式的绿带。

作为改善公众通道的结果，海湾游径同样被期待能够使公众对海岸带的生态和美学功能产生更好的理解，虽然这样的功能只会在较小的公众范围内产生共鸣，但同样有效。更重要的是，使用海湾游径和山脊游径的人们都认为应该将两者互相连接起来—— 一些人将连接称为"连接辐条"（spokes），或者连接侧带（laterals），地处河谷——在两条环线游径之间。因此，对旧金山海湾地区的人们来说，两条游径和它们的辐条、侧带整合在一起或许能够带来一种区域认同感，它们不涉及大量抽象的区域规划理论，但是通道和连接是关键。正如拉里·奥曼所说，"对于普通公民来说，这些连接意味着'我处于连接状态之中。'"当这些发生时，真正的区域规划已经开始了。

## 外环项链—— 一种拒绝死亡的理念

**海湾环道，达克斯伯里到纽伯里，马萨诸塞州**（the bay circuit，Duxbury to Newbury，Massachusetts）

小查尔斯·埃利奥特（Charles Eliot，Jr.），哈佛校长的儿子，一位年轻的景观建筑师——其就职的弗雷德里克·劳·奥姆斯特德公司（Frederick Law Olmsted'firm）总部设在马萨诸塞州布鲁克林（Brookline）——刚完成了奥姆斯特德规划中一些细节工作，该规划目的在于建立环绕城市且相互连接的公园系列，但波士顿的政治家嘲讽这一规划。他们说，太空想了，太昂贵了。在距离我们如此之远的乡村，为什么必须有公园的存在？让我们在人群所在的地方建立公园，他们如是说。那年是 1887 年。不久，奥姆斯特德的相互连接的公园系列（Olmsted' linked parks）和波士顿著名的翡翠项链（Boston's famed Emerald Necklace）一样变得众所周知——最初设想的绿道（proto - greenway），现在已经环绕了整个城市内城以及延伸出去的大都市的大部分区域。

年轻的埃利奥特对由公园串成的项链这一想法产生了浓厚的兴趣，但没过多久，他有了一个比奥姆斯特德规划更为大胆的想法。在 1890 年，埃利奥特主张创立一个董事会，收购了一个保存较完好的大型花环状公园，使得城里的市民可以进入真正的乡村。这一想法致使公共保护董事会（Trustees of Public Reservations）、随后的大都市公园委员会（a metropolitan parks commission）和美国第一个大都市公园系统（metropolitan system of parks）等得以成立。不幸的是，埃利奥特没能看到他的想法——即把环绕着整个波士顿海湾地区的保护区连接起来的巨大系统——得以实现的那一天（他于 1897 年去世，享年 37 岁）。但随着新世纪的到来，人们终于能够理解这一目的在于环绕保护区域的一条外环项链规划是多么地富有远见。

终于，在 1929 年 6 月，一个相互连接的外环项链的想法有机会以一个非常特殊的方式被提出——即作为马萨诸塞州的海湾环道，该想法由一个特殊的州长委员会提议，原因在于开放空间的需要和利用。该委员会包括区域规划师本顿·麦凯（Benton Mackaye）和年轻的查尔斯·埃利奥特二世（Charles Eliot II）——即小查尔斯·埃利奥特的侄子——环道是为了完成小查尔斯·埃利奥特将公园串联在一起的设想（其中一个规划版本也提议建设一条汽车线路）。这一规划能够为人们提供一种探索和享受距离城市 10 或 20 英里——而不是 2 或 3 英里——乡村地区的方式，如同波士顿现有的大多数自然公园——包括那些在奥姆斯特德的"翡翠项链"上的公园。但提出这个建议的时机并不适宜。在同年 10 月，纽约股市崩盘，毁灭性的经济动荡立即影响了波士顿，它是国内第一个（目前仍然是）主要的金融中心。纽约股市崩盘这一事件不仅使投资者陷入贫困，也影响了市政项目。其中受害者之一就是海湾环道。

*30*

图 30 一座位于波士顿海湾环道的历史教堂（a historic church on Boston's Bay Circuit）

图 31　位于塔拉哈西的林冠道路线性公园道（Canopy Roads Linear Parkways in Tallahassee）。它最初的使用甚至比 450 年前埃尔南多 · 德 · 索托（Hernando de Soto）将他的队伍调遣至这些橡树行道树（oak-lined）沿线的时候更早。由克里克印第安人（Creek Indians）进行了第一次建设，这些道路目前作为历史绿道廊道，为北佛罗里达不断增长的人口服务

图 32　查塔努加（Chattanooga）新的滨河公园有着相当长的历史。插图所示是位于田纳西（Tennessee）河流上一处靠近罗斯码头（Ross's Landing）的景色，这个地方是由约翰 · 罗斯（John Rose）建成的——或者 Kooweskoowe［约翰 · 罗斯（John Rose）在切罗基（Cherokees）时的名字］，半苏格兰人（half-Scot），为切罗基的酋长

图 33　布鲁克林 – 皇后区绿道（B–QG）连接博物馆［就像布鲁克林（Brooklyn）博物馆］，从长岛海峡（Long Island Sound）的陶顿堡（Fort Totten）到大西洋海岸（Atlantic shore）的科尼岛（Coney Island）的公共开放空间和历史区域

图 34　规划师汤姆 · 福克斯（Tom Fox）与他的儿子一起在奥姆斯特德的海洋公园大道（Olmsted's Ocean Parkway）

*32*

*34*

*33*

35

36

插图 35、图 37、图 38 展示了丹佛首创型普拉特河绿道的受益范围

图 35　即使在城市范围内，一个慢跑者（最上方）经过一个位于原始的河道延伸的海狸水坝

图 36　另一条城市河流，亚基马河（Yakima），穿过亚基马，华盛顿州，现在是著名的"峡谷－峡谷接力赛"（Gap-to-Gap Relay）场地，来自西部的所有参赛者，他们的比赛赛程是累垮人的 40 英里，活动形式包括跑步、骑自行车和划皮艇。这个事件所引发的社区荣誉感超过了赞助者最乐观的预测

图 37　汇流公园在樱桃溪汇入普拉特（Platte）河，是全市音乐会和文化活动的表演现场

图 38　如今，普拉特河（Platte River），其污染严重性曾使得市民都尽量避开它，现在甚至能够为职业选手和初学者提供城市急流涌道运动

在旧金山湾地区，当两条环线绿道完工时，将能够为美国任何一个增长率最快的城市地区提供一个区域规划的框架

37

38

39

40

图39 沿着海湾游径,皮诺尔点(Pinole Point)被一个开发者收购,用于提供一个关键的游径连接

图40、图41 山脊游径遍及该地区的高地。每条游径大约400英里长。最终,溪流山谷沿线的横向绿道(lateral greenway)将山脊和海湾连接起来

图42 威尔逊角(Point Wilson)为附近的居民提供令人惊叹的海湾景致

43

图 43　在伊利诺伊和密歇根运河沿岸垂钓，伊利诺伊州

# THE BAY CIRCUIT
## 海湾环道

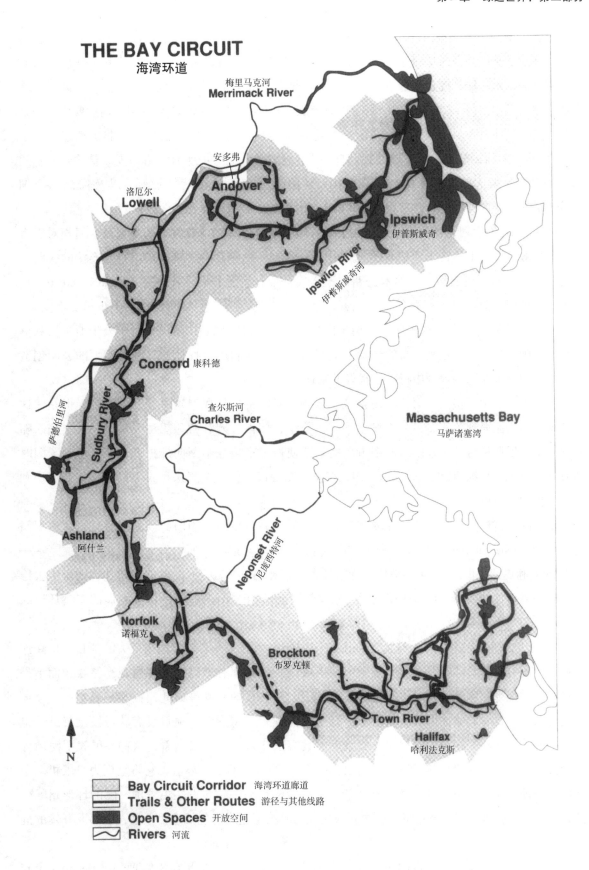

梅里马克河
**Merrimack River**

安多弗
**Andover**

洛厄尔
**Lowell**

**Ipswich**
伊普斯威奇

**Ipswich River**
伊普斯威奇河

**Concord** 康科德

萨德伯里河

查尔斯河
**Charles River**

**Massachusetts Bay**
马萨诸塞湾

**Sudbury River**

**Ashland**
阿什兰

**Neponset River**
尼庞西特河

**Norfolk**
诺福克

**Brockton**
布罗克顿

**Town River**

**Halifax**
哈利法克斯

N

**Bay Circuit Corridor** 海湾环道廊道
**Trails & Other Routes** 游径与其他线路
**Open Spaces** 开放空间
**Rivers** 河流

随后，在 1937 年，大萧条（Great Depression）缓和一些时，海湾环道的想法又被重新提出，这次由马萨诸塞州公共保护董事会（Massachusetts Trustees of Public Reservations）——该非政府组织在小查尔斯·埃利奥特促进下，由马萨诸塞州立法机构于 1891 年创立——直接来进行区域景观公园的保护。与 1929 年规划中的其中一个版本相似，董事会 1937 年的规划仍然要求有一条汽车线路通过环道，尽管汽车交通并不是规划的真正焦点。主要的想法是建立非机动连接车道（用于散步，骑马，骑自行车）以及独木舟路线，这些路线能够把所有环道周围重要的开放空间和历史区域连接起来——比如州级森林区，董事会所拥有的自然保护区，以及像瓦尔登湖（Walden Pond）这样的地方。

就像 1929 年规划，显而易见地，关于海湾环道想法是翡翠项链概念的复制品，但相对而言又并非那般昂贵，不管在土地获取还是相关开发方面。一些新的公园被提议，但连接的线路将需要尽可能少的土地面积，而独木舟路线不需要获取任何地役权（the canoe routes were free）。因为这些地区大部分是自然区域，所以开发活动并不受欢迎，主要的焦点在于步道。事实上，这是一个建立在 1929 年开放空间委员会工作基础上的出色的规划，该规划是小查尔斯·埃利奥特和他导师的功劳——埃利奥特的导师是奥姆斯特德，埃利奥特称他的导师为伟大的公园创造者，其美学理论在这一规划中得到了很好的阐述。

尽管董事会做了很大的努力，使得波士顿领导者和郊区居民对这一想法感兴趣，但是，这个规划还是未能得到落实。很快，发生了一次战争，使得公园和游憩想法无法进一步实施。随后迎来了战后调整时期，郊区房地产市场的繁荣使得都市边缘不断向外扩展，甚至超越了旧时的海湾环道廊道。约 20 年之后，这一想法又被重新提起。但这个想法一直停留在查尔斯·埃利奥特二世的脑海里。

随着战后富裕时代的到来，在埃利奥特二世看来，是重新利用旧的规划的时候了。根据佩奇·莫瑟（Paige Mercer）所写——他写了一篇关于海湾环道项目历史发展但未出版的文章——55 岁的埃利奥特二世于 1954 年被任命为哈佛大学景观建筑学教授，一年之后他让他的学生去绘制旧的海湾环道的地图。再过一年之后，他发起以 1937 年规划为基础并有所拓展的海湾环道绿带行动。

1956 年，州长克里斯琴·赫脱（Christian Herter）签署了一个具有法律效力的项目，旨在连接环道内所有的公共和准公共的开放空间，但仅仅是沿着现有道路建成一条观光路线，而不是通过有目的性地收购开放空间进行连接。事实上，该项目的章程是如此模糊和不确定，从今天的角度来看，这看起来比保护者所要求的标准操作规程要少得多。项目没有获得拨款资助，也没有被赋予一些新的权利。根据州长所签署的具有法律效力的项目来看，这些签署表明海湾环道已经建立（一些文件仍然保留着），仅此而已。环绕城市的唯一环道，它将呈现为只限机动车使用——即 128 号道路（可能将变成 I-95），以及随后另一条建设在更外围一圈的环形州际公路，I-495。这两条高速公路将二者之间未建成的海湾环道廊道包括进去，融入了郊区开发的混乱之中。

不过，建立海湾环道绿带的想法并没有消失。1983 年，一位州环境管理部（Department of Environmental）的规划师发现了一种方式，能够改变海湾环道一直遭受冷遇的状况。利用旧的克里斯琴·赫脱（Christian Herter）签署的项目作为一个合法的依据——原因在于该具有法律效应的项目从未被废除。这位规划师，鲍勃·亚罗（Bob Yaro），巧妙地将海湾环道这一标题塞入到主题为环境项目的 1984 年州债券的授权之中。结果是海湾环道终于获得了资助，鲍勃·亚罗（他目前在纽约区域规划协会）也因为创造性地解决了区域规划难题（如同此想法）为大家所熟知。海湾环道获得的拨款没有太多——325 万美元——但它将这一概念—— 一个古老的想法重新带回到现实生活中。

据目前海湾环道项目管理人苏珊·齐格勒（Susan Ziegler）所说，海湾环道还存在着一些疑惑，即海湾环道是否仅仅是一片宽广的开放乡村土地带，10 至 20 英里宽，仅有一个公认的规划，但没有建立具体的程序，或者是更多具体的东西，类似 1937 年公共保护董事会提出的游径－独木舟（trail-and-canoe）路线的连接概念等等困惑。在讨论之后，选择了第二种方法来实现查尔斯·埃利奥特二世的综合性目标，由苏珊·齐格勒总结为这样一个准则："用不同的道路、游径和水道连接起一个公园和开放空间网络，沿途保留着不同的地方特色。"

问题在于，针对 20 世纪 80 年代的土地价格，为了获取连接所需的土地所有权，325 万美元是远远不足的预算。因此，苏珊·齐格勒和 3 名工作人员十分强调项目合作。他们首先与环道上的 50 个城镇进行沟通，与城市议会议员及民间团体进行联系，将预算分成小笔的资金来分别筹集，并努力让各地将开放空间保护的优先权给予重要的连接道路。这些资金能够使 28 个社区在本地实施海湾环道规划。此外，获得了一个主要的新的州立公园，以及 4 个区域性的连接地区。尽管人们已经尽其所能以获取尽可能多的资金，但是，在不到两年时间里，方案预算已大体上支付完毕。苏珊·齐格勒及员工指望 1987 的环境债券发行能够提供额外的支持，以继续这项工作。结果，债券发行通过了，但海湾环道项目未能从中获取资助。一位代表某一城市区域并握有实权的立法委员说道，他并未看到海湾环道是如何使城市居民受益的，公园应该建立在人们所在的地方。这就是人们对原始的翡翠项链这一目标的反响。

还有更糟糕的消息。第二年，几个财政问题困扰着马萨诸塞州，导致海湾环道的员工纷纷被解雇，只留下了齐格勒和规划师莱斯利·朗齐诺克（Leslie Luchonok）来执行这一项目。但是他们俩仍然保持着极大的热情，并开始着手编制一系列的指南——环境管理部（Department of Environmental Management）以行政预算的方式支持了小册子的发行，这些手册能够提供环道上不同路段的小道、游径和独木舟路线的地图。他们相信，通过这些手册的印发，再加上一些相应的标识，可能会建立起人们对区域项目的兴趣，进而吸引新的资助。

这就是故事的结尾吗？不是的。莱斯利指出，海湾环道的基本要素大部分已经到位——廊道内保留的开放空间土地的数量是惊人的，这要感谢查尔斯·埃利奥特和其他人。位于海湾环道的当地保护委员会和土地信托都在凭自己的力量不懈地收购自然地区。公共保护董事会于 1937 年就曾提议把这些地区组合在一起，不过，与那个时候相比，这一提议在眼下更为合理而明智。就像鲍勃·亚罗所理解的，海湾环道的操作实施是历史的必然，这是一个可以追溯百年的创新性公园规划，尽管困难多得难以想象，但海湾环道的概念坚持下去了，并一直在坚持实施。显然，海湾环道的影响力和逻辑无需进一步更彻底的测试。如果马萨诸塞州的政治家们不能理解，一些保护者认为应该由民间赞助者来接管这一工作——小查尔斯·埃利奥特、查尔斯·埃利奥特二世、鲍勃·亚罗、苏珊·齐格勒，以及莱斯利倾注毕生心血所从事的事业——连接起项链外圈的宝石，使得波士顿地区最终拥有两条绿色的花环。

## 从奥姆斯特德到摩西到福克斯

**布鲁克林区 – 皇后区绿道，科尼岛至陶顿堡，纽约**（the Brooklyn—Queens Greenway，Coney Island to Fort Totten，New York）

　　纽约城、大苹果（The Big Apple，纽约的昵称——译者注）、时代广场、百老汇。如果你在纽约做到了，你在任何地方都能做到。但是从这个意义上来说，所谓的纽约市还不到以上所指区域的一半，事实上，比区域的一半还要小得多。纽约市共辖五个区，从区域面积和人口来说，最大的区有两个，即布鲁克林区（Brooklyn）和皇后区（Queens）。

　　尽管布鲁克林区和皇后区共用公路、电网、下水道系统，以及地铁线路，但是从地域和文化来说，这两个区的连接往往被人们认为是一个无法实现的想法。皇后区的人们很少冒险进入布鲁克林区，担心自己会迷失在老城区迷宫般的街道里，布鲁克林区曾经独立于纽约之外，各种奇特的人都居住在这里，哈希德犹太人（Hasidic Jews）居住在布鲁公园（Borough Park），雅皮士（yuppies）居住在公园斜坡带（Park Slope），热衷于大型手提式录音机的孩子们居住在贝德福德 – 史岱文森（Bedford – Stuyvesant）。对于布鲁克林的居民来说，皇后区同样也是一个未知领域。他们将会告诉你，任何一个居住在皇后区的人多少有些可笑。皇后区是一个新贵区，内部建有独栋的住宅，周围建有机场，与传统的布鲁克林大桥及老居民区形成鲜明对比。

　　但现在看来，多亏了出生于布鲁克林区的汤姆·福克斯（Tom Fox），他创建了两个区地域和文化之间的连接——实际上这也是一个象征。当下，这一想法被提出来，作为历史的必然趋势和对于一个迫切需要连接的城市来说，这是一个最好的想法。有没有任何非城市基础设施类的东西能够将布鲁克林区和皇后区连接起来？是的，有，它就是绿道——确切地说，是布鲁克林—皇后区绿道。

　　这一想法萌芽于弗莱巴许（Flatbush）。20世纪50年代期间汤姆·福克斯在这里成长，他骑着扎着气球的自行车沿着海洋公园道（Ocean Parkway）前行。如果他愿意，他可以一路骑到科尼岛（Coney Island），在内森热狗店（Nathan's Famous，布鲁克林著名的餐馆）买上一个热狗。如果他愿意的话，或者他可以选择另一条道路，沿着宽广的林冠大道，大道旁边是限制机动车（auto – free）的步道，一路骑到奥姆斯特德景观公园（Olmsted's Prospect Park）和动物园。这样的生活就像孩子的天堂：绑好你的魔法凯德软底帆布鞋（magic Keds）鞋带，尽可能快地骑着你的哥伦比亚自行车，车把流苏在风中飘扬着，到达一个以前从未见过的地方。这些在年轻的汤姆·福克斯心中留下了深刻的印象。

　　当他长大以后，到了布鲁克林大学，校园有着漂亮的常春藤。然后他到了越南，但是，那里没有那么多的常春藤。随后他又供职于国家公园管理局，在盖特韦国家游憩区（Gateway National Recreation Area）工作，一个聚集了纽约下湾不同滨水区的游憩区。

# BROOKLYN - QUEENS GREENWAY
## 布鲁克林–皇后区绿道

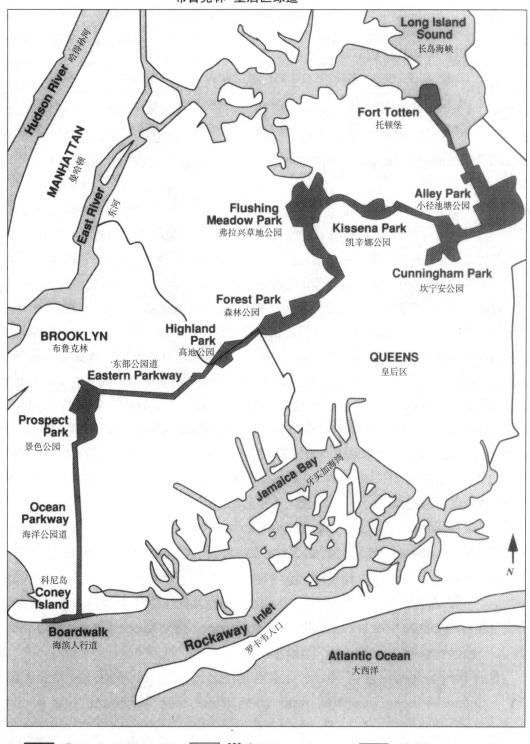

从那时到现在一直存在的一个大问题是盖特韦国家游憩区组成单元之间相隔很远——桑迪胡克在新泽西州，轻松一刻度假村（Breezy Point）和弗洛伊德贝内特机场（Floyd Bennett Field）在长岛，大屠杀纪念公园（Great Kills Park）和南部海滩在斯塔滕岛。在 20 世纪 70 年代，除了国家公园体系，让人们从盖特韦国家游憩区中的一个公园到达另一个公园是一个未解决的问题。像汤姆·福克斯这样的人认为他们有责任使得国家级的盖特韦公园（Gateway park）能够对使用者具有广泛的意义，因此他们想到了连接。即使在他离开国家公园管理局，为一个位于华盛顿特区的非营利社区组织工作后，福克斯仍然认为将人们和地方连接起来是任何一个城市所需要的。所以，20 世纪 80 年代早期，抱着这种观点，他回到了纽约并组建了一个邻里开放空间联盟（Neighborhood Open Space Coalition）。他将把各个部分组合在一起，连接它们，使它们整体效益大于各个部分的效益之和。

1985 年的一天，犹如福克斯所说的，"只是看了纽约市的地图，"思考着开放空间的想法，突然他注意到皇后区的许多公园以及它们是如何组合在一起的。他的思想回到了旧时的岁月，那些绑紧鞋带骑着哥伦比亚自行车，探索海洋公园道的美好岁月。他顺着他的手指追踪着，沿着公园道从科尼岛到达奥姆斯特德景观公园的路线……嘿，等一会！原来沿着朝向皇后区的东部公园道，现在仍然可以骑着自行车到达奥姆斯特德景观公园。比如通过海洋公园道，这条通道等同于一条步道，与汽车交通相分离，然后，沿着住宅区街道的两个急转弯和一个延伸，就可以到达皇后区的高地公园（Highland Park）。皇后区？看这儿，另一个小转弯直达森林公园（Forest Park），另外再过六个街区就直达弗拉兴草地公园（Flushing Meadow Park）——两次世界博览会的遗址（the two world's fairs）就位于这里，随后，经过一连串的公园穿过该区的中心，向右直转进入凯辛娜公园（Kissena Park），到达坎宁安公园（Cunningham Park）、小径池塘公园（Alley Pond Park），最终到达位于长岛海岸的托顿堡（Fort Totten）！这就是：从布鲁克林区的内部到达遥远的皇后区的 40 英里长的自行车行程（fourteen crow-miles——直线距离 14 英里），现在只需将这一连线的观点说出来！

就像汤姆·福克斯和他的同事安妮·麦克莱伦（Anne McClellan）对这条路线进行可行性研究得出的结论一样，绿道能够"连接 13 个公园、2 个植物园、纽约水族馆、布鲁克林博物馆、纽约科学会堂、皇后区博物馆、希叶体育馆（Shea Stadium）、国家网球中心、1939/1964 年世界博览会会址、2 个环境教育中心、3 个湖和一个水库——以一条自行车道/徒步道的方式从大西洋到达长岛海峡（Long Island Sound）"。这里是美丽的地方：凭借这些公园、公园道和文化遗址，百分之九十的绿道景观得以实现，这要感谢弗雷德里克·劳·奥姆斯特德和罗伯特·摩斯，这两位分别是 19 世纪中期和 20 世纪中期伟大的公园创造者。

1866 年，针对布鲁克林，奥姆斯特德曾设计了许多进出景观公园的美丽林冠道。它们不仅仅是道路，是宽广的行车大道，而且两侧郁郁葱葱，他称它们为公园道（Park ways），这是第一次使用这一术语。现在，这些绿道仍然还是公园道，有着与奥姆斯特德所希望的功能。他最初的想法是在南部海岸带建立一条靠近景观公园的海洋公园大道，穿过它，向北朝向曼哈顿，最终连接起市内的大型公园。这一规划因太不切实际而招致政治家和官僚们的反对。反而，公园的林冠大道后来改变成为了东部公园道（Eastern Parkway），朝着皇后区的方向延伸到乡村。但总体目标还是一样的：提供到达公园的通道，通道与公园本身一样重要——为公园体验酝酿美好的情绪，而这个公园是值得期待的。奥姆斯特德认为，526 英亩的景观公园是他最大的成就。

金斯县界线（Kings County line）的另一边正是东部公园道朝向的地方，位于皇后区。在那个时候，皇后区主要是农田和湿地，不算是真正的都市部分。但这些都改变了。至 20 世纪 20 年代它已经变成了郊区，但并不足以使得新一代公园及公园道创造者在皇后区大胆地规划他们的项目。不过，没有人比罗伯特·摩斯更大胆。尽管摩斯设计的其中一条公园道切断了汤姆·福克斯（Tom Fox）绿道的一条连接，使得现在要重新将其连接起来，但他规划的成块的公园用地为连接提供了关键土地——公园用地包括那些与世界博览会和一连串公园道相关的地区，以及用于输送游客到达那些场地的地区，现在这些公园用地就能够让步行者或骑自行车者在远离车行交通道路的同时穿过皇后区的大部分地区。

尽管所有土地已经是公共领土了，但并不意味着创建布鲁克林区 - 皇后区绿道是件容易的事。为了完成一条连续的绿道，开发工作以及连线再造工程的成本是很高的。为了确定需要多少成本，福克斯和他的邻里开放空间联盟（Neighborhood Open Space Coalition，NOSC）同事制定了一个详细的绿道开发规划——细致到标识、反光镜和油漆的成本。他们对绿道开发的估价（不包括造价共 1.6 亿美元的公园、道路和沿线公共工程改善等由市政府安排的项目）范围为 300 万美元至 800 万美元——300 万美元为一条基础绿道，而 800 万美元则为一条豪华型绿道。

尽管预算中已包括了很多项目，比如能使自行车穿过北方大道（Northern Boulevard）的一座高速桥（a veloway bridge）（220 万美元），建造一条穿过科尼岛的新游径（300 万美元），拓宽和重建东部公园道沿线的自行车带（460 万美元），这些项目使得分隔开的纽约市被连接在一起。

实际上，纽约的整体财政预算比很多的城市要多得多，绿道建设预算对它来说并不算多。确实，许多人把绿道看做是一项投资，增加了公园的公共设施和路线中 40 英里长的路段所连接起来的文化设施。因为科尼岛、景观公园、弗拉兴草地公园对纽约市极具重要性，可达性通道的增加是绿道成本多次超出预算的主要原因。这种人性化的计算问题根本没有超出纽约政治家们的可接受范围。几乎在邻里开放空间联盟（NOSC）规划完成的同时，该规划就被公园部门和交通部所接受。一年之内，绿道的第一个路段——从科尼岛到奥姆斯特德景观公园，就得以开放和使用，其他路段也开始启动建设。针对海洋公园大道重新开放的自行车道，纽约市公园委员会成员亨蒂·斯特恩（Henty Stern）观察认为，"我想不到还有任何其他项目能够引起如此大的热情。"交通部负责人罗斯·桑德勒（Ross Sandler），关注着奥姆斯特德的遗产，称绿道的完成是历史的必然。前纽约市长科赫（Koch）以 10 英里/小时速度骑着自行车，在摄影师面前咧嘴一笑——只有这一次他没有说错话。鉴于受欢迎的程度，汤姆·福克斯认为到 1995 年绿道将会全部完成，即便没有得以充分开发。

最终，城市这些长期分散的部分被绿道连接起来了——通过弗雷德里克·劳·奥姆斯特德的布鲁克林公园和公园道，罗伯特·摩斯在皇后区的各种项目，汤姆·福克斯和邻里开放空间联盟所提出的连接概念。在相邻的两个行政区，这些公园被称作绿道公园（原词为"pawks"，"绿道公园"为意译——译者注）。上帝知道当地年轻人会如何发绿道这个词汇的音，但你最好相信他们很快就会使用它们，就像"嘿，妈妈，我正在绿道上。"

在妈妈尚未喊出不要回来太晚之类的叮嘱之前，骑着自行车的孩子已骑得很远了，车把的流苏飘扬着，带着他到达了一个以前从未去过的地方。

## 从休梅克学到的滨河绿道建设经验

### 普拉特河绿道，丹佛，科罗拉多州（The Platte River Greenway，Denver，Colorado）

乔·休梅克（Joe Shoemaker），一个说话尖锐、易伤人的州立法委员会委员——目前已经退休，不过他确确实实地使一条河流重新恢复生机。除了上帝之外，任何人处理事情总是会遇到棘手的难题，而这恰恰是休梅克所做的。他开始着手工作时，遇到的是一段恶心的、有害的、洪泛淤塞的下水道，250 根排水管运送着可怕的城市废水；一处管道状垃圾场，充满了大量的有机废弃物，比如橡胶、废油、火炉和冰箱等，其中尤其肮脏的部分是被褥加工厂丢弃的鸡毛。休梅克将这样一条河流变成了丹佛市最重要的公园和游憩设施。休梅克从一条最初作为划分贫富阶层的河流入手，将一个曾经呈三角形状分离的城市连接起来。这个奇迹的媒介物就是普拉特河绿道，目前，它是全美范围内 12 多条城市滨河绿道的典范。

这个故事始于 1965 年，当时，普拉特河冲出堤岸涌进丹佛市。以前也发生过很多次洪泛现象，但 1965 年这次不一样。普拉特河正常的河流流量为每秒 300 立方英尺，最高达到每秒 3000 立方英尺。但当持续降雨，导致上游储水区储存了 14 英寸深的雨量。1965 年 6 月 16 日水流记录为每秒 150000 立方英尺，这比百年一遇的洪水还严重——百年一遇洪水是指每百年才会发生一次的洪水。这是一次五百年一遇的洪水！就像休梅克所记录的，"河流本身不会记得任何事，但每一个人都记住了它……因为这次灾害造成了 3.5 亿美元损失，至今令人难以忘怀。人类对大自然长达一个世纪的无礼和忽视最终导致在几个难忘的小时里遭到了报复。"

在 1965 年洪水后，丹佛市政府对此的反应是制订一个普拉特河重建规划，整个工程预算惊人地高，使休梅克至今都难以置信。针对重建规划进行的研究，研究报告用了 84 页篇幅进行描述，花费了 68 万美元。但研究报告造价高昂还不是最糟糕的。重建规划，以大量的新住宅建筑和一个巨大的公园为特征，该公园侧面连接着完全改造了的河道，这一切是非常的奢华。规划师预算的实施重建规划所需资金为 6.3 亿美元，这令每一个人感到震惊。

甚至是在 20 世纪 60 年代，这也是一个愚蠢的想法，即使组织一个南部普拉特地区重建委员会（South Platte Area Redevelopment Committee，SPARC）来促进规划的实施，该规划在构思阶段几乎就已经流于形式。但委员会与规划公司是不同的，是不盈利的，很快就四分五裂了。同时，政府在上游建造了防洪水坝，以及其他防洪工程，几乎排除了再次发生 1965 年大洪水的可能性。这样使得城市清洁了，但又一次忘记了普拉特河。只有休梅克开始对河流的未来念念不忘——休梅克曾于 1962 年选入州立法机构，之前，他是丹佛市的一位公共事务委员会委员。

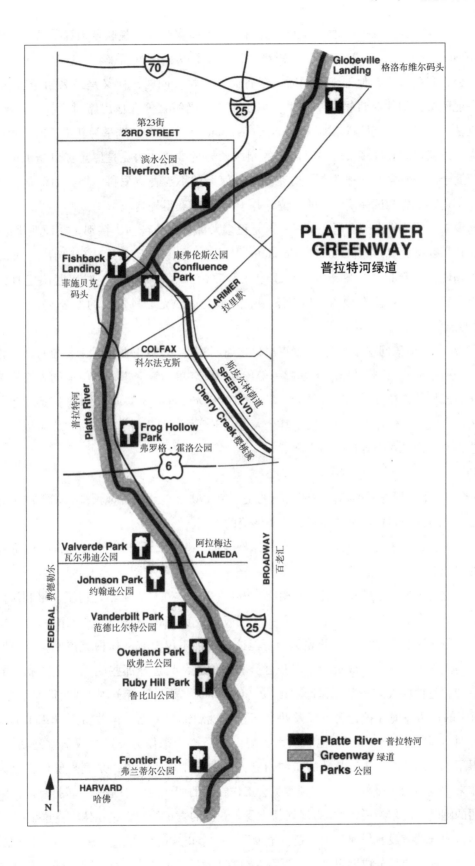

　　到了 1965 年洪水来临时，休梅克已经提升为科罗拉多州参议院联合预算委员会（State Senate Joint Economic Committee）主席，在州级政治层面，从操作方面来看，这是一个最有权力的位置。在公共利益方面，他处理问题时，粗野而又无情。同时，他又是一名给予者和获取者。丹佛市产业巨头见到他时将帽子拿在手上以示献媚。高级官僚在他出席时紧抓住他的手不放。当德莫克拉·威廉·麦克尼科尔斯（Democrat William McNichols）选举为新市长时，也要找到主席休梅克，以获得实施许多市级项目需要的州级预算批准。休梅克是愿意提供帮助的，即使市长与他不属于同一政党。共和党人休梅克没有任何原因不与麦克尼科尔斯共事。他并不觊觎那一职位。不过，他想尝试一下州长的职位，并于 1974 年获得提名。

　　总的说来，休梅克渴望有所变动——这是很多人都有过的苦恼，特别是在职业生涯的中期。作为联合预算委员会（Joint Economic Committee）主席，他开始厌倦无休止的暗斗。他需要一个真正的难题使他重新振作，鉴于此，出于个人和政治原因，休梅克一时兴起决定拜访市长比尔·麦克尼科尔斯。在没有预约的情况下，他大步走进麦克尼科尔斯的办公室，他开门见山，"嗯，我们准备怎么处理普拉特河？"

　　"真有趣，你应该问这个问题，"麦克尼科尔斯回答道，"我正在想对于普拉特河，你应该有所作为。"在说话时，市长从桌子上拿起一份传真来的名单，解释道，名单上的人愿意为新组建的包括 9 名成员的普拉特河发展委员会（Platte River Development Committee）服务。市长说他将选择两名市民成员，但休梅克可以决定其余人选，不管他们是否在名单上。"你可以不受束缚地选择其他人选，你是这个委员会的主席。"

　　"我？"

　　"是的，如果你愿意做的话。我能给你的是一笔 190 万美元的资金预算。剩下的部分要靠你自己。你很有可能是丹佛市唯一能拯救这条河流的人。"

　　在政治场上，奉承可以使你如愿以偿。休梅克高兴地同意了。不管怎样，或许重建工作有助于他的州长提名。

　　与早期重建规划要求的 6.3 亿美元相比，190 万美元实在是太微不足道了。报刊认为成立普拉特河发展委员会的想法太愚蠢了——普拉特河发展委员会仅仅是另一个比南部普拉特地区重建委员会（SPARC）失败得更快的委员会。但这些蔑视不仅没有把休梅克击倒，反而增强了他的决心。他谨慎地挑选合作成员——避开官员和官僚者，只选择那些能代表主要利益群体的公民领导者和有色种族人——黑人和奇卡诺人（Chicanos，墨西哥裔美国人），犹太事务执行者，WASP 组织的自然环境保护论者，以及两名年轻的规划师，里克·拉蒙雷斯（Rick Lamoreaux）和鲍勃·西尔斯（Bob Searns），他俩从市级规划部门被调来作为委员会成员。鲍勃·西尔斯，近期获得了位于水牛城（Buffalo）的纽约州立大学建筑学硕士学位，来到丹佛仅仅是为了获得一份工作来"支持滑雪爱好，"分配到委员会工作在他的职业生涯中是一个转折点。已筹建了自己的公司的鲍勃·西尔斯说，"作为规划师，我所获得的真正的教育是在休梅克这里。"

　　在项目的开端时没有任何一个规划，至少没有一个正式的规划。休梅克并不打算制订规划。相反地，他将他的成员分成四组，并告诉每一组有 50 万美元经费。每一组的任务是在穿过丹佛市的 10.5 英里河道沿线的某一处建造一个公园节点。在确定了位置以及设计、建设成本后，里克·拉蒙雷斯准备了一张标注了位置的地图。但他还做了另一件事——这可能也算是一种规划，即使仅限内部使用：他将河道沿线的位置用绿色粗线连接起来。"为什么不，"他建议道，"将河流沿线的公园连成'绿道'？"没有人听说过"绿道"这一术语，但能够理解这个含义。休梅克立即喜欢上了这个想法。

结果，资金只够建设两个节点公园：一处称为汇流公园（Confluence Park），位于樱桃溪汇入普拉特河处，是丹佛的起源地；另一个是格洛布维尔平台（Globeville Landing），位于"丹佛的肮脏角落"——它的居民：住在老街区的少数穷人这样称呼它。休梅克使得市政府同意将获取的土地——主要是市政所有的已被改造成坚固的废弃物垃圾场的沙坑和矿井——开发为绿道袖珍公园。休梅克告诉委员会成员他想在河流沿线的各个位置建设 1 英里长的游径。他阅读了著名的纽约公路建造者罗伯特·摩斯的有关事迹，并从中学到了一些技巧。休梅克说，"利用公路建设心理学，就是指在任何地方的中部完成一段 10 英里的州际公路，然后每个人就会问，'你什么时候才能建成这条公路？'这时你便可以去告诉分配资金的政治家，人们现在都大声嚷着要求建成这条公路。"

事实是，这一罗伯特·摩斯的技巧同样适用于休梅克。现在普拉特河沿线都有一条铺砌好的游径，不在河岸的这边，就在河的对岸，或者在河流的两岸。为了从市政府、产业所有者和铁路所有者手里获得游径地役权，休梅克也应用了罗伯特·摩斯的一点诡计，他曾用合法投诉的方式威胁一个顽固的土地所有者——休梅克认为这个土地所有者的财产在税收清单中被严重低估了。第二天，休梅克所需要的游径地役权就到手了。

在实施过程中的某一时刻，一名委员会成员向休梅克索要合法授权，代表丹佛市、县来进行交易。因为委员会除了作为一个公民咨询团体之外，没有其他实际的权利。休梅克的回复是他曾告诉市长委员会不需要任何具体的既定权力。完全没有。"为什么在现实世界不是这样的？"成员问道。"那是因为，"休梅克说——这些话语现在被称为休梅克法则（Shoemaker's law），"没有权利在特定条件下就是拥有所有权利。"为了使那些不明白这对矛盾的人便于理解，他指出市里授予委员会的任何权利肯定是具体而有限制的。如果没有具体，也就不会存在限制。这就是休梅克的解释。所以支持者被召集起来——包括军队、基金会、产业和官僚机构等，绿道开始被连接起来了。

事实上，在普拉特河发展委员会作为市长咨询团体运转几年后，正是休梅克法则引导委员会重组成为一个非营利基金会。没有失去任何市政"权利"，因为不管怎样，这些"权利"仅仅是一个幻想。但一个基金会可以直接接受资助和个人捐赠而不是作为一个市级机构运行——市级机构往往会形成尴尬的局面，会在某些情况下阻碍捐赠。因此在 1977 年，组成了普拉特河绿道基金会，规划师里克·拉蒙雷斯和鲍勃·西尔斯辞掉了他们市政府的工作来为休梅克全职工作，委员会成员变成了基金会的受托人——事实表明，这个想法极具启发意义。基金会一共筹集了 1400 万美元资金来创建绿道，其中一半从私人渠道获得，多为小笔捐赠。至 1980 年，游径已经都连接起来了，17 个袖珍公园修建完工，在河道中建造了 4 个船坡道可以将这条河流用作城市内的急流甬道（whitewater），以便皮艇者使用。还有新的人行桥和圆形剧场、自然教育区域，以及其他设施。现在，每年有 15 万人使用这条绿道。

普拉特河绿道基金会目前仍然发展较好，使得绿道能够得到良好的维护。他们还在普拉特河及其支流沿线扩展了工作，从北端和南端进入了郊区，甚至创建了与州内一部分其他游径的连接。但休梅克认为他最大的责任是丹佛市的普拉特河。"我将一直作为基金会主席，直到我死去的那一天。"他说。

现在里克·拉蒙雷斯和鲍勃已经各奔前程了。但他们将永远不会忘记从休梅克学到的经验：最好的规划是不要准备一个，至少不要过快；无目的地建立一条绿道便可使绿道通往任何一个地方，以及休梅克法则——没有权利就是拥有全部权利。还有：爱你的城市和人民，用全心全意为公众服务的奉献来尊敬他们。结果，休梅克没能成为一名州长，反而，他将一条河流奉献给了他所居住的城市。

# 第10章

## 实际问题

最重要的问题是，在星期一早上你准备做什么？

——美国商业格言

本章是为那些着手进行创建绿道的人准备的。本章对前述的章节及两部分绿道世界中的很多案例经验进行了总结，还借鉴了大量实践者撰写的报告，政府机构出版的小册子，非营利保护组织为公民团体如何实施项目提供的详细指南。

我希望读者能够允许我对一些实际问题进行直接分析。当分析了大量的案例之后，你会开始形成一些关于怎么做是有效或无效的观点。下面我对有效的观点进行论述。

## 入门：事先考察

没有什么比到实地去看一看更重要。值得注意的是到实地勘测需要确定什么时候进行。一些政府赞助的绿道项目，往往不是尽快地进行仔细的勘测而是过段时间才进行勘测，或者更为糟糕的是拖到后来将勘测任务留给了项目组的技术规划师，或者甚至比这更糟糕的是根本就不进行勘测。项目一开始就缺乏以一个基础的视角（ground－eye）来审视资源是一个严重的缺陷，将会导致一个缓慢的开端，或者没有开端，甚至根本的失败。

许多成功的项目，比如丹佛普拉特河绿道，或者布鲁克林区—皇后区绿道，一开始就进行了勘测。在丹佛市，乔·休梅克让咨询委员会像部队行军般对普拉特河进行了为期一天的艰苦调查，尽管其中一些人对整个想法持怀疑态度。他们发现了250个下水管道，这次勘测的结果使他们深刻意识到，作为一个项目的开始，可以在此基础上创建一些公园作为创建一条完整的绿道的热身。对于布鲁克林区—皇后区绿道，汤姆·福克斯所做的第一件事就是骑着自行车对沿途40英里进行了考察。并出版了描述他沿着福克斯梦想中的绿道旅途活动经历的作品，取得了很好的效果，致使他获得了国家艺术基金会（National Endowment of the Arts）对一项绿道详细规划建设的资助。

你可能是一名高级政府官员或是一位公司的首席执行官（CEO），习惯于让人们提交报告或帮你拿咖啡。丢掉这些吧，尽可能多地在绿道廊道内徒步、划船、骑自行车，或者至少在家庭房车内透过窗户慢慢地漫游。记好笔记，拍好照片，与道路沿线的人们交谈。现在，一切就绪，准备开始。

## 进行组织

有三种基本的组织方式。第一种是由政府机构来做所有的规划，处理廊道内土地权获取和开发问题，提供财政支持，永久性地拥有绿道所有权和经营权。许多成功的项目都采用了这种组织方式。比如博尔德（科罗拉多）绿道［The Boulder（Cdorado）Greenway］，其中针对最好地段的一块土地，一直都是市政府在进行相关工作。对于市级或区域绿道系统，比如北卡罗来纳州罗利市成功的重要地区绿道，尽管非政府组织做了相关的规划和实施工作，但政府资助仍是一个必要条件。一个关键的发现是政府机构必须是独立的典型职能部门，比如交通部、公园和休闲机构、公共事务机构，或者类似的机构。理想化一点，应该指派一个没有其他职责的绿道委员会，这样就不会存在潜在利益的冲突了。

第二种组织方式是避免政府资助，倾向于私人的、非营利协会来进行工作。目前有较少的项目采用了这一组织方式，在可能的情况下，甚至在很多情况下需要尽可能避开政府。位于皮吉特湾圣胡安群岛的鲍勃·米尔（Bob Myhr）轮渡绿道廊道就是其中一个采取这一组织方式的项目。

第三种组织方式是把第一种方式和第二种方式混合起来，即是一个公共 – 私人复合体，一个有着显著效果的完全不同的复合体。事实上，我通过足够的案例来推断：几乎对于每一个单独的（非系统的）绿道项目，一个政府暨民间团体的合作伙伴关系是首选的组织方式——理想情况下是以一个目的单一、权威认可的绿道基金会为组织形式，理事们广泛地代表了公民组织、商业公司、专业学术协会和政府部门。基金会可以通过立法特许建立，或者作为一个政府委员会的产物，或者是简单地自主成立。查塔努加滨河公园（Chattanooga Riverpark）项目采用的组织方式是第一种，亚基马绿道（Yakima Greenway）采用的是第二种，普拉特河绿道（Casper's Platte River Greenway）采用的是第三种。

作为私人的非营利组织，绿道基金会有一个好处，就是能够与土地所有者进行谈判、交易，且进展迅速果断。同时，它能够避免私人团体的主要劣势，即缺乏权威性，不论是实际的或潜在的官方权威。一个严格的私人绿道组织不会比任何公民团体更有影响力，但一个公共 – 私人基金会通常可以在需要的时候获得政府的权力，通过与公共机构的紧密合作——比如调控土地，或者公共资金的使用和官方收购，进行绿道建设和维护。

一个绿道基金会还能够避免只有公共赞助的弊端，即政府的权威性只存在于有限的地域管辖权内。另外，绿道基金会还能够避免将绿道决策权隶属于政府机构所带来的问题——如政治压力和突发的体制调整，因为，有时一些政党对于支持一个绿道项目的建设是出尔反尔的。而且，当公共资金来源十分有限时（经常会这样），政府绿道机构几乎没有能力通过私人捐款来筹集资金。我们中的大多数人有多长时间未向政府机构自愿捐款了？相反地，一个绿道基金会却是一个最有吸引力的捐款和资助接受者，并且能够获得持续的会费收入。

## 研究基础

许多基础研究数据——比如生态、地质、水文地理、地理和地貌研究、历史和种族研究——都适用于特定的绿道项目。可能唯一还未做的基础研究数据是廊道土地所有权的清单——这一问题的解决需要前往土地评估员办公室，查看地图，然后确定每一块土地的所有者，尤其要注意现有的将要成为绿道廊道出发点的公共和准公共开放空间。这些信息可以在一张有效地图上进行手绘得到，可以利用拼接在一起的美国地质调查图作为基底地图（一些人发现将拼接在一起的地形地图带到一个有着巨大影印机的图形艺术店去是有帮助的，影印机可以产生一个清晰的副本，在一张纸上以不同的颜色标注——这样更容易使用）。除了所有权，这张有效地图还要显示出不同的分区类别（居住区，工业区，特殊区域），土地利用的环境限制（滩区，陡峭的斜坡，相关的法规），以及细分要求（集群开发，留出开放空间）。分区和规章信息可以从市政或州级规划办公室获得。

重要的是在这种情况下必须强调，让与项目有紧密联系的工作人员将有效地图作为一种地形笔记本来使用。它不是一件为公众展示的艺术品，也不是精确测量的档案资料，不需要由任何制图师来绘制。

当然，我也不建议进行一些高超科学的电脑化资源分析，尤其在早期阶段。这种工作在某些时候是恰当的，但不是在一开始。政府规划机构已经很好地制定了使用地理信息系统（GIS）的标准。它有很好的实用性，比如，在项目建设后期，或针对特别缜密的项目的时候。以哈得孙河流域绿道为例，利用计算机制图对一大片山谷地区进行一小块接着一小块的分析，分析内容包括所有权、资源、基础设施、规章和相关数据。对于大多数项目，地理信息系统容易出问题是因为它往往代替了人的行动，它容易抑制人们可能的创造性思维。在想法整合阶段就对超量的数据进行处理，往往会使得项目超负荷运转，最后会导致做出选择时变得拘泥而不是开放。

还有大量的其他研究需要：比如公共态度调查或经济研究，这两者都是非常有意义的。但是，有一个技巧，就是要抵抗住在中止点（procrastination）上继续开展研究的诱惑，这个中止点是针对一般的绿道项目，为了在正式的公众讨论面前展示绿道概念，获得公众共识——一般来说，对于任何被提议的绿道，这一步骤应该尽早展开而不是往后拖延。

## 交流想法

绿道建设宗旨是显然的，就是一项保护活动。一条线性绿道的存在或者缺失，将会影响到很多生命。事实上，绿道必须常常处理社会经济学的（socioeconomic）交织点问题——即富人区和穷人区，地产商和工厂工人——绿道廊道沿线可能会环绕着不同开发强度的地区和不同土地利用类型的地区。因此，一条绿道，不管是沿着一条河流、一座山脊、一条道路、一条运河，或是一条铁路线，往往是一个小区域范围内进行民主努力的结果。理想的状态是能够毫无阻碍地进行，以及所有的政党都具备参与意识。

鉴于此，大多数成功的绿道项目在早期都努力地与广大民众进行绿道思想交流。听证会是我提议增加的一个环节，它与稍后进行的实质性绿道规划不一样。不幸的是，许多绿道项目在公众达成共识之前，即只有小部分支持者能够理解这一项目时，就将绿道的想法转化成了详细规划。

实际上，在绿道项目的早期阶段需要的是一份临时的描述性和解释性文件，而不是任何规章的、权威的东西。托尼·希斯（Tony Hiss），一位描写区域规划问题的作家，将这些文件称作愿景文件（vision documents）。尽管还要进行其他方面的交流和努力——杂志和报纸文章，幻灯片展示，特殊的宣传事件比如推广徒步活动等——关于绿道想法共识，基础信息的来源是愿景文件中的评论、图片和图件，它们将绿道呈现在一个有趣的背景下，令一般读者信服。

## 经济影响

按照常理，推销一条绿道的唯一方式就是展示它的经济价值：它能够提供的工作岗位，增加的商业收入和销售税收，以及提升的地产价值。如果这些价值能够很好地进行展示，绿道主要的社会效益——城市舒适度、游憩性、生态多样性、历史和景观保护——有着充足的理由来说明公共成本的合理化。在现实世界，让绿道建设者们展示出他们的绿道有多好的回报只是早晚的事。

对于一些促进城市地区再发展的绿道——比如查塔努加河上公园项目——并不仅仅解决一个问题，从经济角度讲，它创造了社会效益，产生了新的投资机会和提供了新的工作岗位。但针对众多绿道来说，经济效益被认为是完全否定的——特别是绿道将消除土地税和减少相应的应纳税财产的价值。一些人认为，这无疑是得不偿失的，绿道不仅需要初期的公共投资和维护所需的持续支出，而且还减少了市政税收。某些情况下，这一得不偿失的分析也许可能是真实的，但也不会像绿道反对者所宣称的那样。更多时候这根本就不是真实的。事实上，非经济导向的绿道能够产生作为辅助效益的相当积极的经济影响。

让我们从"绿道将消除土地税"抱怨开始——这些抱怨我们经常会在开放空间的保护过程中听到。在绿道案例中，初期使用的土地可能仅有很少的利用价值，因此它只能产生最少的税收收入。以河滨廊道为例，人们往往为了洪水发生时的公众安全，通常在洪泛区的功能分区中禁止开发活动，此类功能分区已经减少了这块土地的大多数税收价值。类似地，在提议将废弃铁路廊道改造为绿道的案例中，事先废弃的铁路廊道也减少了税收收入。甚至在那些允许将废弃的公共路线财产归还给相应业主的案例中，也许像这样一块贫瘠的带状土地能够产生重要的新的税收潜力——尽管存在可能，但是在大多数现实情况是不可能的。

对于那些与公共或准公共路权不相关的绿道——比如溪流和铁路廊道，一条狭窄的带状土地的收购（或者一条游径的土地权或保护地役权）也很难带来具有重大影响力的税收效益。事实上，在这些情况下，绿道的存在对税收收入有着积极的影响，并能够产生一些持续的公众节约成本。

在河滨项目中，建设一条绿道是最能体现出进行土地收购时所带来的节约性成本的一项有效举措，因为建设绿道将会减少未来洪水破坏造成的代价。就像我在关于图森线性公园系统文件中所报告的，当地政府研究表明建设一条绿道，哪怕为了远离分洪河道需要搬迁部分住宅，相对于后期为减少洪水破坏所造成的预计成本而言，还是能够节约大量的成本。

　　一条绿道廊道能够产生积极的经济影响，因为绿道附近的应纳税物业的价值能够得到提升。这类问题在城市环境下几乎是无可争议的，因为通常位于绿道附近的任何诸如此类的公共便利设施、办公建筑和公寓、土地等的价值在一定程度上都获得了提升。在郊区和乡村地区，绿道建设也会产生财产价值问题，由于存在着隐私曝光，破坏行为，甚至犯罪行为等可能性，一些土地所有者往往会认为一条绿道的存在会在社会价值上带来消极影响。这一担忧认为绿道将为非本地人提供一条新的通道，使其能够进入迄今为止仍然处于独立状态的住宅和农田地区。

　　不幸的是在一些情况下，这一问题往往以种族主义、经济歧视，或一个广义的排外的代名词而表达出来，相反，理性的话语不能够起一点作用。好在，这些土地所有者兴趣点实际上在于案例的事实，种种迹象表明，绿道提升了而不是减少了财产的价值。有几种方法能够对绿道所带来的财产价值影响进行预测。一种是确定一片现有的绿道穿越的区域，该穿越区域类似于目前提议廊道的穿越区域——如果不是本地的话，就选择在一个城镇的附近——对建设绿道之前和之后的评估（在评估员办公室可获得）进行细致分析，看看是否存在不同之处。一个更好的方法是确定一片控制区——控制区的组成元素应与邻近廊道相似，但与廊道相比，缺乏一条绿道，然后对比两片区域在评估方面的变化。

　　另一方法被西雅图市的工程部所采用，该部门在针对位于市区、穿越了邻近住宅区的伯克－吉尔曼游径（Burke-Gilman Trail）（在前面的章节讨论过）的高强度使用问题时，曾使用过这个方法。在这种情况下，研究员简单地采访了在经济影响上有着话语权的 3 组人群——该地区的地产代理商、警察巡逻人员——确定现场实际的破坏情况而不是假定的破坏情况，以及当地居民。

　　地产代理商认为：作为增加销售的有利因素，游径帮助他们吸引买主，至少是起到了中立的作用。事实上，代理商一般常规宣传的是位于或靠近游径的房产。根据报道（引文见"西雅图"出版的报道中主要来源清单部分），"根据代理商的说法，靠近但不是直接毗邻伯克－吉尔曼游径的房产显然更容易出售，房产要比平均售价高出 6 个百分点。较为直接毗邻游径的房产是第二容易销售的。而对于直接毗邻游径的房产，游径对其销售价格没有重大的影响。"

　　根据报道中警察的说法，"被采访的官员声称在游径沿线没有出现更为严重的盗窃案和房屋破坏行为。他们认为这一现象存在的原因是机动车辆的缺少。他们指出公园内发生的问题往往限于机动车容易进入的区域。"

　　针对居民，几乎有三分之二的被采访者认为游径"提升了附近居民的生活质量"。研究员发现没有一个居民认为游径应该关闭。报道包括"担心多用途游径的建设，会造成物业价值降低，犯罪率增加，生活质量下降是毫无根据的。事实上恰恰相反。研究表明游径是公共便利设施，有助于房产的销售，物业价值的提升和生活质量的改善。"

## 游憩通道问题

　　如上所述，对于绿道作为公众通道的关注往往与经济影响联系紧密。但是，绿道除了经济影响，游憩通道外，还有着其自身特有的问题和机遇。应该铭记于心的准则是绿道不一定需要公众游憩功能，但缺少这一功能（有一些例外），这个项目就很难向公众和政府决策者推销出去。在过去 25 年现代绿道建设历程中——从斯塔滕岛绿带（Staten Island Greenbelt）到旧金山山脊游径（San Francisco Ridge Trail），事实已经表明如果有通往绿道的游憩通道，人们更容易理解其效用和重要性。在许多案例中，人们也能够理解保护周边景观的重要性。对于通道准则，显而易见的推论是，路线必须是连续的——有时为了抓住公众的注意力，可能会建设一些必要的公共道路的弯道或连接线。一条中断的游径根本不是一条游径，而只能是一个单独的步道或自行车道的聚集，这些步道或自行车道在任何现实可行的操作中无意识地成为了一个整体。

当然，通道准则也有例外。其中主要的是针对一些风景驾驶绿道（scenic-drive greenway），主要是视觉通道。另外，有一些基于河流的绿道，比如俄勒冈州威拉米特河和佐治亚州奥科尼河，通道路线主要是河流自身而不是沿岸线路。针对大量位于乡村或郊区环境中的绿道项目，保护者往往会更关注游憩游径是否侵入了生态敏感地区——比如在那里可能会发现稀有植物和动物。为了免除这些顾虑，可以通过保证游径线路避开脆弱地区，选择一个间断的步道使问题得到解决。而且，游憩影响问题可以通过一些途径得以减轻，即通过限制绿道的使用，而不是开发游步道（通过分级和铺筑路面），因为开发步道往往会吸引成群结队的穿着锐步跑鞋和运动衫的更注重形象的跑步者和骑自行车者，这部分人往往会忽视他们正超速通过的自然廊道。

事实上，在绿道－游径设计中，开发等级或多或少与使用强度相关。为了社交和游憩用途建立的绿道，比如西雅图伯克－吉尔曼游径，比起木质步道显然有更多的交通流量穿过康涅狄格州雷丁（Redding）远郊的森林区。事实上，有时一些要求用混凝土和沥青铺设的游径上，骑自行车者和跑步者逐渐增多，以致驱逐了其他使用者。对于典型的多用途铺设游径（通常建设成为 8 英尺宽，尽管许多设计者目前认为应该为 10 英尺，中心有条纹），跑步者通常不会与骑自行车者发生争执，因为他们在步道上的行为是可预料的：他们大致会向前直跑。但是，一个漫步者，可能会突然转弯从步道的一边到达另一边去观赏野花，若碰上超速的自行车（甚至一个跑步者）就会遇到严重的意外。主要的问题是高速行进者对于一条绿道的步行者来说，就像公路上有 18 个轮子的汽车对于谢韦特牌汽车一样。

一些绿道规划师认为使用者之间的不协调（我还未提到桥梁小径，眼下的另一个问题）会损害公众对绿道的支持。近年来，规划师已提议设计不同用途的单独游径。有时游径被并列修建，有时有不同的路线，通常会在河流或溪流不同的一侧。

如果绿道项目只存在一个多用途游径的烦恼，应该算是它们的幸运。很多绿道失败在于更基本的问题——绿道建设中相互矛盾的情况。矛盾是：对于大多数绿道，获得公众支持最有效的方式是促进公众进入绿道；而获得一条绿道廊道所穿过的私有土地的通行权最有效的方式是承诺禁止公众进入。塔拉哈西（Tallahassee）的林冠道路项目就存在这类问题。解决方法就是避免与土地所有者对抗，这是可以做到的。因为绿道项目缺乏游步道（trailway）时，仍然能够实现绿道的风景效益。但是，在许多案例中，一条缺乏游径的绿道只能争取到较少的公众支持，如果一个项目尚未宣告失败，尽量延迟矛盾情况的发生。

1980 年，明尼苏达州自然资源部专门对这一问题进行了研究。研究方法是将土地所有者对于拟建的两条游径的土地所有者的态度和已建的两条类似游径沿线土地所有者的态度进行比较。在本地使用者与"城市"使用者之间，事实证明是尽管有 65％ 的位于拟建游径沿线的土地所有者认为游径主要是为来自大城市的人们使用，而不是为当地人使用，但是有近 100％ 的位于已开发游径沿线上的土地所有者认为游径主要是为当地人使用和享受的。对于拟建的游径，有近 75％ 的土地所有者认为如果游径建设完成，将会意味着更多的破坏行为和其他犯罪事件。相比较，在已建游径沿线上几乎没有一个土地所有者认同"游径使用者窃取"（trail-users steal）这一说法。

尽管几乎没有证据表明，绿道游径对邻近的私人土地所有者所产生的干扰程度与土地所有者所认可的干扰程度相接近，但是这些恐惧很可能仍然会持续。据此，绿道建设者必须尽可能地减轻私人财产损失和犯罪行为的威胁。在新泽西州提供了一个应该如何做的模式。通过建立一个计划来提供项目资助，该项目是为了试图减少游径对土地所有者的影响。根据开放空间管理计划官方手册，如果一个财产所有者将"为公众开放他（她）的土地来进行一种或几种户外活动，"州政府反过来将提供资金以"减轻财产所有者面临的问题和危害。"

开放空间管理计划认定的问题和危害包括：垃圾堆积；在游径上漫游的人们可能会闯入土地所有者的私人领地；偶尔的野蛮破坏行为；可能最严重的是由于一个冒险性徒步游客带来的一个赔偿责任诉讼，因为他可能会掉入一个位于林中游径旁的古老地下洞穴。为了排除这些疑虑，该计划将提供项目基础资金，用于支付垃圾处理、停车场、禁止性标志、保持游径使用者远离土地所有者私人空间的栅栏等费用。它还用于支付由于人为破坏所造成的维修费用，以及支付任何土地所有者需要的特殊责任保险费用—— 一般来说，在大多数州中，私人土地被用作公共游憩用途的情况下，土地所有者所承担的责任是有限的。

绿道规划师能减轻土地所有者反对（仍然对一条连续步道的观点坚持不放）的另一个方法是通过游径设计和管理。如我早些时候讲到的，一条游径的开发等级决定了游径的使用强度。数千人将会使用一条双自行车道游径进行野餐和利用沿线的其他游憩场地，数百人将会使用一条设施有限的铺砌游径，只有 20 个人（或更少）会使用一条木质步道。因此一条游径应该连续并不是指它需要被连续铺砌——尤其在穿过私人土地区域时，游径可以缩小成为简单的步道，将减少对土地所有者所担心人群的吸引——肆无忌惮的年轻人，非本地人，或者那些心里想着盗窃（或更糟糕）的人们。

## 规划

绿道规划中的一个大问题是寻求一位专业人士（通常是一位景观建筑师）为绿道准备一个实质性计划（physical plan）——这个计划是一定要制定的，只是何时制定而已。在某些时候，你必须在一张地图上画线，并将线之间的空间渲染为绿色，然后用一条虚线画出游径假设的走向，随后增加你所选择的其他特征。你必须做得非常具体，包括宽度、陡峭度、铺砌材料、植物、长凳、桥梁、标志等诸如此类的信息。

在绿道规划完成之后，你可以将它展示给一些人——通常是公众或市民的民选议员或委任代表。他们响应的态度是不一的，包括"让我们为它一起行动！"也包括"你疯了吗？"因此有许多好的计划就被束之高阁了。

通常，如果在一个项目的生命周期中规划工作准备得过早，如果不是被立即抛弃，那么，也有可能会成为一文不值的东西；过早过急地规划会使它看起来出现得毫无缘由，就像在进行一种特殊的恳求（special pleading）。造成这个结果的原因是麦克卢恩学说（McLuhanesque）：一个规划是一个媒介，传播着无需说明的信息，尤其是当规划在任何重要政策共识达到之前就已经提出了的时候。高度精确的地图和游步道路线的绘图，专家术语，以及高度合理化的规范做法，意味着"只能选择这种方式或是没有办法"。如果必须做出选择，公众的答案通常是后一个。总之，过早的规划企图会抑制公众的创造活力，而不是促进活力的迸发。

大多时候，成功绿道项目的领导者们很难通过直觉或经验把握规划时机。我还记得在丹佛普拉特河绿道上，乔·休梅克根本不愿意出版任何形式的规划，直到建筑工作真正开展起来。相比较，俄勒冈州波特兰的埃德尔曼（Al Edelman）认识到了 40 英里环形路的概念——自从 1903 年起就已经环绕起来了，而其 140 英里的版本也在十年的时间里逐步成形——已经准备好采取行动了。由于涉及司法管辖区，阿尔芬斯（Alphonse）和加斯顿（Gaston）的问题看起来是不可逾越的。但是埃德尔曼知道一个真正的公众共识已经达到，所以他制定了一个具有技术性、详细的、权威的规划，细节到豌豆大小的碎石和标识设计等。这个规划能够寓意任何东西，但它并不是突然出现的。时机是适当的，效果是令人震惊的。

## 确定廊道

首先获得免费的土地。着手点是已有的专门用作公园和游憩用途的土地。对于公共所有权（public ownership）为其他类型的土地，必须努力说服其管理者——地方荒地管理机构，比如一片河滨垃圾填埋场——说服地方机构奉献出一块地带用作绿道，即使不是马上，最终也要获取。对于准公共土地——墓地或者高尔夫球场——存在一个问题，但通常是非资金方面的问题。目的是使土地所有者转让一条游径的通行权，承诺土地或多或少用做永久的开放空间［注：规划师告诉我你必须将一条穿过高尔夫球场的游径选址在平坦球道的钩边（the hook side），而不是切边（the slice side），以免游径使用者被球击中头部］。私人的工业用地可能存在一个特殊的问题，即其所有者或管理者不愿意捐献出一个永久的地役权，而是承诺一个有限年限的准入协议。对于铁路土地，条件是多变的，法律是复杂的，就像我在第 4 章所讨论的。但是，在许多情况下，感谢铁路银行法（the railbanking law）的出台，使得这种土地可能不需要购买。

私有的住宅土地所有权应该留在最后——即使这是项目中最好最关键的土地。应该留出足够的时间让公众亲身感受其对绿道的热情。如果土地所有者认同绿道的重要性，便能够以零成本或低成本获得大量的私有土地。在与土地所有者协商过程中，为了收购廊道应该遵循老的推销法则：首先进行容易的拜访。

以下是一些从专家经验中获得的在私有土地收购方面的经典技巧总结：

——廊道所需的土地不需要所有权的转让——此所有权是指完全所有权（in full title）。一个消极的保护性地役权（easement）适用于未真正对公众开放的廊道区域——比如一条游径的邻近地区，或者一条风景线路的视域范围。完全产权收购（a purchase in fee）意味着购买了土地的所有权。一个地役权的获取仅仅涉及特有的权利，包括利用消极性权利（negative right）来禁止开发或土地利用形式的改变。但是，为了游径自身或其他公众进入到一个地区，需要一个积极性地役权（positive easement）——即进入协议。

——在大多数情况下，河流和溪流沿线的土地已经通过洪泛区区划在一定程度上被保护起来了。因此它几乎没有任何新开发的价值，可能可以收购，或者相对便宜地获得廊道的地役权，假设前提是有自愿的卖方且土地是闲置的。

——在特殊案例中，可以通过联邦紧急事件管理机构（Federal Emergency Management Agency）洪水保险计划的资助，从土地所有者手中收购洪泛区内已开发的土地，前提是假定当地法律禁止洪泛区内的开发或重建。为了说明禁止在洪泛区内的开发活动是合理的：洪泛区内现存的曾遭洪水侵害的物业，其损失超过了价值的 50%。

——山脊沿线的土地，绿道的另一种备受青睐的路线，它们通常是私人所有，且很可能有着重要的开发价值。但是，山脊游径，在路线上比河滨绿道更为灵活，因此一条廊道路线可以设计为穿过其业主支持该项目的土地，或者穿过那些过于陡峭，难以进行经济开发的土地。

——游径地役权可以附属于公共设施的通行权上，比如下水道地役权或电力线。

——在大多数司法管辖区，住宅区开发商通常被要求捐献出一部分场地用作公园或游憩用途。如果准备开发的私人所有土地位于一条潜在的绿道廊道沿线，应该与市政当局及开发商协商，将这块土地（不是其他部分）专用为廊道的一部分。

——住宅区开发规划也能被修改以产生廊道用地（超出强制性捐献的土地），通过集群开发（保持整体房屋密度相同，但减少个人地块尺寸来产生一个开放空间盈余）的方式。这也可能实现，通过允许开发权转移（TDR），从一条绿道廊道转移到另一个未在廊道内的场所，允许开发者建造相同数量的房屋单元。

——绿道当局（不管是政府机构还是公共–私人基金会）通过多样化的购买和转售（purchase-and-resale）方式也能获得廊道用地。比如，从一个私人土地所有者手中直接购买了一块大的土地，绿道廊道所需的土地从中划分出来，余下的土地或者作为一个单一的地块被转售，或者进一步细分为多个地块被转售。后一种情况中，完全能够想象当局可能在完成这笔交易中是没有财政损失的，或者甚至还有盈余用于收购其他廊道用地。如果物业分割是不切实际的，一条游径通行权的保护性地役权可以置于契约中，地块在完全转售时，附带着永久性地保护廊道和沿着已建立的游径提供公众通道的契约。

—— 一些公共机构更青睐收购和回租（比如对邻近的农民），而不是收购和转售。但是，在不同于州或联邦风景公路的案例中，有时会用这种方式，附带限制的收购和转售很有可能是一种更好地建立绿道廊道的方式，因为它无需管理租赁协议。

——绿道机构应该不断谋求慈善土地捐赠（所有权或地役权）或者廉价获取土地，但不要有过多预期——尤其是现在，从一个地产规划的角度来看，降低所得税率使得土地捐赠并不值得。最好的方法是在一开始就将廊道沿线的土地所有者纳入项目中。随后土地捐赠的机会将会自然发生。当需要获取土地时，先进行询问——可能会以捐赠形式或廉价形式获得。

## 发展和维护

另外一个规则：在开发一条绿道时（在廊道已经获得之后），一部分一部分地进行，完成一部分之后再进行下一部分。实际上，当工作完成时，做完的部分就会变成绿道的一个广告，从而激发公众的热情和支持。

对于以游憩导向的绿道项目，较为被认同的开发模式似乎是珠串式（beads-on-a-string）类型的绿道——由一些为人们提供野餐长凳、厕所等等节点连接成的一条铺好的小路。对于自然导向的绿道，没有这些节点，通常块石铺就的路面也是没有节点。在这两类形式中，就规划者而言有种强烈的直觉，那就是基于成本和基本理念的原因，绿道不应该被过度彰显。如果不知何种绿道可以成为线性公园，那么绿道维护问题就会增加。

维护是一个问题。在创建绿道的热情中，许多绿道建设者们告诉过我，维护看起来不重要，可是这些年的经验证明了如果在初期的规划中缺乏对维护的准备，那么很可能会毁掉一条绿道。绿道需要保持经常修整，标志在必要时需要更新，所有垃圾都需要清除。有一问题要问："谁来做这些事情？"和"钱从何来？"一般没有准确的答案：这个任务可以由志愿者或根据市政预算来公开或私下执行，不过缺乏对这些问题的考虑所导致的惩罚是严重的，这将导致绿道公共利益的侵蚀和可想而知的遗弃行为。

## 获得帮助

重复前人的工作是没有意义的。那些希望建设一条绿道或绿道系统的人们确实应该与各方人士联系以获得帮助。最有用的人是：（1）那些在其他地方曾致力于类似绿道项目的人；（2）能够提供专业知识的州或地区的组织和政府部门；（3）那些有时与附近大学里的院系有联系的或私人的专业绿道规划者、顾问。下面是具体的内容：

1. 联系类似的绿道项目，一个着手点是美国绿道计划（American Greenways——美国保护基金会的一个项目）。作为一个国家级的非营利组织，美国绿道计划鼓励个人绿道项目以及区域绿道系统［参见本书跋中基斯·海伊（Keith Hay）对这一计划更完整的描述］。特别值得关注的是该计划的绿道项目数据库，绿道项目数据库一开始主要是为了本书的研究，以便签卡的形式而存在，但从此书开始，开始扩展更新数据。向数据库提出查询请求可以获取超过一百个绿道项目的名字，地址，电话号码，以及背景信息，其中一些可能在关键时刻能够提供重要的指导。联系美国绿道，保护基金，弗吉尼亚州阿灵顿北肯特大街 1800 号，1120 房，22209；电话号码

703 – 523 – 6300（1800 North Kent Street, Suite 1200, Arlington, Virginia 22209）。

2. 有二十来个组织可以提供专门的技术协助；但有冒着得罪一些好朋友的风险，让我列出那些绿道建设者们最先应该联系的机构清单。仅仅需要几个电话，将使你进入绿道网络的世界。

——关于组织事项（尤其是绿道基金会，早期讨论过的），绿道建设的一般操作，有关土地保护的法律问题，一个有用的信息联系是土地信托联盟（Land Trust Alliance），华盛顿特区西北F 大街 1319 号，501 房，20004 – 1106（1319 F St., N. W., Suite 501, Washington, D. C. 20004 – 1106）；电话号码，202 – 638 – 4725。同时，你还应该联系公共土地信托（Trust for Public Land），加利福尼亚州旧金山第二大街 82 号（82 Second Street, San Francisco, California 94105）；电话号码，415 – 495 – 5660。后一个组织在全国各地区的办事处有现场工作人员，能够提供一些直接咨询。

——对于涉及铁路廊道改造的绿道，全部或局部改造，与铁路 – 游径改造管理处（Rails-To-Trails Conservancy）联系，华盛顿特区西北第 16 大街 1400 号，20036（1400 16th Street, N. W., Washington, D. C., 20036）；电话号码是 202 – 797 – 5400。该管理处有大量的地方支部，能够提供在改造和游径建设上的法律专家，组织上的和操作上的建议。

——对于河滨绿道，联系美国河流（American Rivers），华盛顿特区东南宾夕法尼亚大街 801 号，303 房，20003（801 Pennsylvania Avenue, S. E., Suite 303, Washington, D. C., 20003）；电话号码，202 – 547 – 6900。这个组织有着许多具备专业知识的成员和专业员工。另外，你应该联系河流和游径保护援助计划（Rivers and Trails Conservation Assistance Program），国家公园管理局（National Park Service），游憩资源援助部门（Recreation Resources Assistance Division），华盛顿特区邮政局 37127 信箱，20013 – 7127（P. O. Box 37127, Washington, D. C. 20013 – 7127）；电话号码，202 – 343 – 3780。这个新的计划通过九个地区国家公园办事处提供游径和河流廊道规划方面的技术协助。

——针对以高地游径为基础的绿道（upland trail-based greenway），联系美国游径（American Trails），一个游径组织联盟，位于华盛顿特区西北 P 大街 1516 号，20036（1516 P Street, N. W., Washington, D. C., 20036）；电话号码，202 – 797 – 5418。同时，联系国家公园管理局河流和游径计划（NPS Rivers and Trails program），上述地址。

——包含了风景公路廊道的绿道项目应该联系风景美化联盟（Coalition for Scenic Beauty），华盛顿特区东南第 17 大街 216 号，20003（216 Seventh Street, S. E., Washington, D. C., 20003）；电话号码，202 – 546 – 1100。针对历史廊道，联系国家历史保护信托基金会（National Trust for Historic Preservation），华盛顿特区西北马萨诸塞大街 1785 号，20036（1785 Massachusetts Avenue, N. W., Washington, D. C., 20036）；电话号码，202 – 673 – 4165。其总部将会让你到其六个地区办事处中的一个。

3. 当为一条绿道或绿道系统制定一个全面规划的时机成熟时，将需要一位景观建筑师。你可以联系附近大学的景观建筑系或信息资源管理（Information Resource Manager），全美景观建筑师协会（American Society of Landscape Architects, ASLA），华盛顿特区西北康涅狄格大街 4401

号五层，20008（4401 Connecticut Avenue，N. W.，Fifth Floor，Washington，D. C.，20008）；电话号码，202 - 686 - 2752。全美景观建筑师协会将能提供在你的地区景观建筑师的名单清单，以及当地支部的地址和电话。

## 资金

绿道建设就像一个索取问题，因为它得四处去寻找政府和基金会的资助来源。事实是，迄今为止索取者是最好的绿道领导者，这仅仅是因为通过四处寻找，他们总能以某种方式获得资助，比如实物援助，材料捐赠，以及最重要的是土地捐赠。这里没有办法提供索取艺术的技巧；索取者是天生的，不是后天形成的。

对于其他，资金筹集包括售卖 T 恤（以及诸如此类，包括地图，书籍，购买 1 英尺的绿道活动，和其他能够让公民产生对绿道项目支持的活动），以及其他比这类筹集活动更加正式的活动。看起来售卖 T 恤这一方式不应该被取消，因为当地市民的支持是一个项目最好的宣传方式，能够吸引对项目感兴趣的外来资助者。

上文所述无疑是对于国家级或州级政府拨款信息的最好来源，其中开放空间债券可能可以利用。目前，针对绿道项目还没有任何特定的联邦拨款。联邦资助是可以利用的，但经常是不固定的，至今发现最好的方法是联系美国绿道或其他组织，或国家公园管理局河流及游径保护援助计划（上述所列出的）。

慈善基金会不容忽视。达林·托马斯（Darlene Thomas）对此进行过专门研究，同时也为这本书进行了相关资助的研究，发现了包括 43 个国家级、20 个区域级和 93 个州级的慈善基金会对绿道项目和类似的项目有着很大的兴趣。确实，这些基金会经常被各种各样的要求所淹没。同时，在将基金会资金给予某人时他们是有责任的，因此对你的绿道也是一样。技巧很简单：告诉基金会你希望获得有关资金用途的指导，并严格遵循。从基金会中心可以得到详细信息，地址是华盛顿特区西北康涅狄格大街 1001 号，20036（1001 Connecticut Avenue，N. W.，Washington，D. C.，20036）；电话号码，202 - 221 - 1400。该中心将会让你与一个支部办事处或它的上百个合作图书馆中的其中一个取得联系，你可以找到对你项目最感兴趣的基金会。

# 第11章
## 势在必行的绿道

*在新手头脑中会有很多种可能性，但在专家这儿只有一些。*

——苏于·铃木禅师（Shunryu Suzuki，Zen master）

在提交北卡罗来纳州罗来利市重要地区绿道规划之后，比尔·弗卢努瓦（Bill Flournoy）就开始为州政府工作，将他制定的行动计划留给别人来执行。结果，绿道计划有了一个缓慢的开始。大部分廊道土地主要是在住宅开发的过程中获得的，由建筑商提供专门的溪流边道作为绿道项目的一部分（根据法律，那些拒绝这样做的建筑商必须允许市政府用一年时间来筹集资金购买地块或决定放弃它）。在弗卢努瓦实施行动计划时，罗利市正处于 1965—1975 年的经济发展繁荣期，但到了 20 世纪 70 年代中期，绿道规划正式推行时，经济发展速度却开始下降，只建设了几英里路段的绿道。到了 1980 年，罗利市及其周边地区经济发展重新加快。随后一位名为查尔斯·弗林克（Charles Flink）的景观建筑师申请并得到了绿道规划师的工作，这一职位源自罗利市，且目前在北卡罗来纳州的许多城市都设立了这一职位。在接下来的几年里，弗林克在城市绿道系统规划方面做得非常好，以致现在许多人都把罗利市绿道系统的成功归功于他和弗卢努瓦（Bill Flournoy）的努力，即使他在这一岗位上的时间并不长，但仍然是当之无愧的。弗林克于 1986 年离开城市规划部门，选择经商——成为了一名独立的绿道规划师——作为自己的全职工作。

碰巧，查克·弗林克（Chuck Flink）（我使用了他喜欢的昵称）正好是我采访的首批人之一。我们沿着罗利绿道系统中的其中一条游径散步，随后在他的办公室畅谈了几个小时，办公室位于罗利市区边缘的一处商业建筑里，该办公室是一处带有家具的套房，布置有些拥挤。他作为独立的并具备专业绿道咨询知识的景观建筑师——这个群体并不庞大，但保持了持续的增长，天生就是一位推动者（promoter），因此他适合创业。他的名气迅速增长。在我拜访他之前，有些人可能还不知道他，弗林克在我的印象里应该是一位伟大的绿道元老级人物。但是在 1988 年春季，当我拜访查克·弗林克时，他年仅 28 岁。

那时我的脑子里产生了一个想法，现在看起来是真的，那就是在采访弗林克时，我正在采访美国绿道发展的未来。因此，我问他为什么将自己全部精力奉献给了这在当时还毫无名气的专业。

他花了一些时间来回答我的提问。"从我个人观点来看，"他说得很慢，"我们正处在世界发展的一个关键阶段。我们已经到了必须思考未来的环境发展状况的时候了。我相信我们能够与环境和谐相处；我们不需要将每一平方英寸土地都建设成为绿道，但我们生活在世界上需要一种新的道德标准。这就是我为什么热衷于绿道。"

"通过将土地以其自然状态保护起来，"他解释道，"你必须允许自然系统像上帝设计的那样运转。如果你把绿道看作是一种为生物群落保持其自然状态而提供栖息地的手段，且同时为人们进入绿道廊道提供通道，那么你已经为人们带来了一种看世界的不同方式。"

这些都是崇高而清晰的想法，但我不能立即理解绿道与更大的环境问题之间是有关联的。绿道，作为一个人工制品，看起来与地球生存没有什么关系。它们是很好但那又怎样？就在我思考这些问题时，弗林克的讨论一下转向了其本人经历。

"我们住在靠近圣路易斯的一个全新的细分区（subdivision），在克里夫库尔（Creve Coeur），就在罗利市西北部。"不过，之后我漏听了一些弗林克的讲话内容，因为当时我正在思考绿道到底能解决什么问题——比如全球存在的森林滥伐等，弗林克接着说，"在我们背后有一大片土地，以及一条称作阳光小溪的溪流。顺着住宅后院往下走就会到达溪流，顺着另一边向上走就会到达一个大森林。以前，我们整天在溪流沿线和森林附近玩耍。我们在小河中筑堤坝，它仅仅只有约 3 或 4 英尺宽。我们在溪流边来回地行走；对于我和我妹妹以及其他一起玩耍的小孩子来说，我们像是已经走了许多英里，但很可能只走了几百码（yard，1 码 = 3 英尺——译者注）。我们可以在这样的地方找到一些典型常见的溪流生物，比如青蛙，海龟以及蝾螈。有一次我们在大森林里构筑了一个堡垒，远眺溪流——那个属于我们的领域。我当时 6 岁。那个堡垒是我们所有小孩子的一个秘密基地。"查克·弗林克停下来看着我，看看我是否在倾听。

"随后发生了一件悲惨的事情，"他继续说道。"一天，推土机来了，清除了所有东西。所有孩子的妈妈都出来了，并躺在推土机前面。一个邻居用扫帚与推土机做斗争，同时她还不停地尖叫。但这不起任何作用。森林被清除了，小溪被嵌入一条管道，并被沥青覆盖。于是，一条道路铺筑在阳光小溪上面，森林变成了公寓。"

"这是个创伤，"查克·弗林克断定，"我经常回想这件事情，有时候我还能体会到这种失去的伤感。"

弗林克所描述的显然变成了他生命记忆中的一处隐痛。失去小溪对他而言事关重大。这一点也应该影响我们。诗人罗伯特·弗罗斯特（Robert Frost）理解这一点，就像他在一首题为"城中小溪"的 24 行诗中清楚表述的一个类似事件。这首诗写于 20 世纪早期，但诗句与弗林克所告诉我的完全贴切，在圣路易斯郊区，当地的人们凭着原始的冲动来保护像小孩们玩耍的小溪这么一件小事。

弗罗斯特首先描述了他记忆中的小溪曾经是如何流经一座农舍——事实上是环绕着农舍，其路线形状像"弯曲的肘部"，提供着安全和舒适的环境。小溪是一个熟悉的地方，人们对它太过熟悉，以致诗人能够回忆起当他将手浸入平稳的溪水中，水流流淌过他指关节的感觉，他还通过将一朵花扔进小溪来测试过境的水流。但在这儿，新罕布什尔州的小镇，就像克里夫库尔，必须建设一条新的市区街道。诗人注意到草地很快被水泥盖上，森林的树木被砍伐成像壁炉一样的长度或者被烧毁。那么小溪呢？小溪会被怎样处理？事实上，市政街道建设者会如何对待小溪，是无法预料的吗？诗人所想到的一个无法实施的解决方法是将小溪送到底下"生存和流淌"，在"下水道地窖"，寓意着小溪将被"不朽的力量"（immortal force）永远放逐，这可能产生的严重后果，我们几乎无法理解。弗罗斯特以这些警句来结束：

除了原始的地图，没谁会知道

一条如此流淌的小溪。但我怀疑

它是否想永远沉寂在下面，而不显露

曾经奔流的身影，使这新建的城市

既不能工作也无法入眠。

曾经奔流的身影，使这新建的城市，既不能工作也无法入眠。这提醒我们要注意到"环境"，以及近年来颇受关注的臭氧层、热带雨林和二氧化碳等。这种意识上的觉醒从我们沿着溪边小径探索开始——我们将手指浸入流动的水中，在森林旁抱紧膝盖，坐在石头上，看着鹿轻轻地踱步。

因此，绿道应该被看作是一次带着环境意识的旅途的开端—— 一种促使人们去实践并促进生态环境保护的方式，并从他们足下开始；一种促使人们表达"一个必要的土地伦理"的方式，引用奥尔多·利奥波德的话就是：土地是世界上土壤、水流、生物、植物，以及这些元素相互联系的方式。

在北卡罗来纳州的海因波特（High Point），查克·弗林克告诉我，当地绿道计划发起者通过采取让人们以 25 美元价格购买 1 英尺绿道的方式来筹集资金——25 美元价格实际上非常接近在城市里溪流沿线建设一条 8 英尺宽、12 英寸长的小径的成本。作为回报，购买者将得到一个契约式的证书以表明你所购买的绿道的英尺数，以及一件前面印着"一次 1 英寸"，后面印着"想知道我买下的绿道在哪里吗"的 T 恤。

我意识到，对于这样的绿道，需要详细和技术性的市政规划地图，以及工程规范。一个全面的方案和政策必须由政府律师来起草。但是，尽管规划和政策是必要和有用的，它们自身无法创造出诸如阳光小溪沿线这样的绿道，不过，为这些绿道提供保护则象征着不朽的力量（immortal force）。通过个人选择和集体行动，绿道的发展又上升了一个台阶。从不可预知的伦理思路出发，谁又敢说这些质朴的台阶（即绿道）不能开启一次历史之旅呢？

# 跋

　　这本非凡的书籍是一个里程碑，实现了我多年来追求的目标——一个为成千上万经历过类似常见悲剧的美国人所共享的目标。归还给成年人一个我们曾在年轻时非常享受的自然界——一条地方的小河、森林、公园、湖泊，或其他特殊的地方——我们发现自然界不仅仅比以前更小，还经常被改变得面目全非，或完全被城市化的进程以及目光短浅的规划师、开发商给损毁了。据说未来的孩子们将很难有同样的机会去体验我们曾经体验过的宁静、不断变化的景色、四季的声音，以及如此接近我们家园的大自然的无穷魅力。

　　在我工作生涯的大部分时间，我试图在这个日益拥挤和高速发展的生活环境中寻找保存这些独特地区的方法。因此，我参与了1987年美国户外运动协会总统授权报告（1987 President's Commission on Americans outdoors）的工作，提议应该在盲目开发和理智利用残余自然系统的两种选择之间寻找到一个平衡点。为了实现这一目的，一条重要的途径就是建设并保护穿越美国的绿色廊道。通过绿道来连接开放空间以形成廊道内生动的景观，并将地方小溪、河流、湿地与公园、野生动物保护和其他休闲、历史的配套设施连接起来，这些正是我们急于追求的答案。帕特里克·F·努南（Patrick F. Noonan）正在积极推行总统执法与司法委员会（President's Commission）关于"建立一个贯穿美国的绿道网络"的建议。他是总统执法与司法委员会的一名成员，同时还是美国保护基金会（Conservation Fund）主席，只是在他的家乡马里兰州，未获得相应的地位。他帮助我参与绿道运动，协助我从保护基金会获得资金以支持本书的出版，并实施"美国绿道"（American Greenways）计划。

　　我们开始理解当代绿道运动，定义"绿道"这个概念，制定一个计划来协助州和地方社区开展各自的绿道建设。我们发现实现这一任务的唯一途径就是对全国成功绿道案例进行调查，并进一步了解促使它们成功的人和事。为了着手进行这样一次调查，我们采访了数百个参与过绿道建设的人，将大量的笔记和材料融入一本有趣并令人信服的书中。对于普通读者来说，他们需要一个有整合才能的学者，一个有天赋的作者，以及一个有经验的土地资源保护者。幸好，我成功劝说了一位有着这些才能的老朋友和同事，查尔斯·E·利特尔（Charles E. Little），来承担这项任务。通过本书，他帮助国民对绿道的自然性和概念性本质进行定义和分析，并提供了建设绿道行之有效的方法。

　　在撰写本书的过程中，我就如何设计一个最佳方案以满足地方、县和州等层面绿道建设者的信息和服务需求，对资料进行了编译。因此，1987年由美国保护基金会（Conservation Fund）建立了美国绿道计划（American Greenway program），以此来提供这些工具。美国保护基金会是一个国家级、非营利、科学、教育组织，其成立目的是为了促进美国的土地保护。其项目通过个人捐赠、基金会和政府资助等来筹集资金。

　　美国保护基金会的美国绿道计划，由于资金到位，不仅有利于美国绿道一书的广泛发行，还能提供许多重要的帮助。包括：一个国家级"绿道数据库"能为绿道建设者相互联系提供一种途径；一个"绿道参考帮助"能为那些希望与个人、组织和公共、私人机构等商议的人们提供相关的绿道帮助；能为那些作为典范绿道的示范项目提供资助，并提供新的方式进行融资，生态和经济的分析，或有助于绿道其他领域的建设；能够出版出版物或其他材料，共同组成涉及绿道所有方面的专题著作；能够安排绿道会议，并在必要时公布会议记录；能够创建一个国家级绿道荣誉项目，促进绿道与其他项目的交流。

　　我希望所有适时阅读了本书的人们能够备受鼓舞，以此帮助我们达到目标，即保护那些城市和乡村中残余的特殊地区——自然仍占据主导地位的地区，在这些地区，我们能够享受宁静，并让每一个人的生活变得丰富多彩。

基斯·G·海伊，名誉主任

美国绿道计划

自然保护基金会

阿灵顿，弗吉尼亚州

（Keith G. Hay，Director Emeritus

American Greenways Program

The Conservation Fund

Arlington，Virginia）

# 主要参考文献

## *INTERVIEWS*

Gerald W. Adelmann, Upper Illinois Valley Association, Chicago, Illinois.
Charles E. Aguar, University of Georgia, Athens, Georgia.
Kristi Akers, Platte River Parkway Trust, Casper, Wyoming.
Dale Allen, Trust for Public Land, Tallahassee, Florida.
Richard Anderwald, Yakima River Greenway Foundation, Yakima, Washington.
Maude M. Backes, Delaware and Raritan Greenway Alliance, Pennington, New Jersey.
Charles E. Beveridge, American University, Washington, D.C.
Charles Birnbaum, Walmsley and Company, New York, New York.
Jim Bowen, RiverCity Company, Chattanooga, Tennessee.
Hooper Brooks, Regional Plan Association, New York, New York.
Christopher N. Brown, Rivers and Trails Conservation Program, National Park Service, Washington, D.C.
Timothy D. Brown, Town of Cary, North Carolina.

Interview entries show affiliations at the time of the interview. Most interviews were conducted in person, some were by means of telephone calls, and many included both. By and large, only those individuals interviewed at some length are included here, although many others provided key pieces of information. Virtually all contacts (about two hundred for the eighty projects analyzed) supplied the author with an abundance of published material. Nevertheless only those items of more than purely local interest are listed. Here and there I have supplied a comment and, when appropriate, a publisher's address, so that the list may be used as a kind of technical appendix. The complete research files for the book have been given to North Carolina State University, Raleigh, to form the basis for a national greenway archive. For more information, contact: University Archives, The Libraries, Box 7111, North Carolina State University, Raleigh, NC 27695; telephone (919) 737-2843.

采访条目展示了采访中的相关内容。大部分采访都是面对面完成的，还有一些采访通过电话完成，也有两种采访方式都包括的。总体来讲，尽管还有很多其他类型的采访提供了重要的信息，但是只有针对个人的采访才列在这里。实际上，所有接触过的人（涉及80余个项目，200余人）都为作者提供了充足的公开材料。但是，只有那些十分确定的景点才在此加以罗列。我尽可能地提供评论，并在适当的时候提供出版方的地址，以便于使这些地址成为技术性的附录。本书的全部研究文件已经提供给位于罗利（Raleigh）的北卡罗来纳州立大学（North Carolina State University），以便建立美国国家绿道档案。更多的信息，请联系：大学档案室，图书馆，7111箱，北卡罗来纳州立大学，罗利，NC 27695；电话（919）737－2843。

David Burwell, Rails-to-Trails Conservancy, Washington, D.C.

Douglas Cheever, Heritage Trail, Inc., Dubuque, Iowa.

Karen Cragnolin, French Broad Riverfront Planning Committee, Asheville, North Carolina.

Broward Davis, Broward Davis and Associates, Inc., Tallahassee, Florida.

Meg Downey, *Poughkeepsie Journal,* Poughkeepsie, New York.

Albert Edelman, 40-Mile Loop Land Trust, Portland, Oregon.

J. Glenn Eugster, National Park Service, Philadelphia, Pennsylvania.

Craig Evans, Walkways Center, Washington, D.C.

Charles A. Flink, Greenways, Inc., Raleigh, North Carolina.

William L. Flournoy, Jr. North Carolina Department of Environment, Health, and Natural Resources, Raleigh, North Carolina.

Richard T. T. Forman, Harvard School of Design, Cambridge, Massachusetts.

Al Foster, Meramec River Recreation Association, Frontenac, Missouri.

Leigh Fowler, Platte River Parkway Trust, Casper, Wyoming.

Tom Fox, Neighborhood Open Space Coalition, New York, New York.

William E. Fraser, Collin County Open Space Program, McKinney, Texas.

Stella Furjanic, Appalachee Land Conservancy, Tallahassee, Florida.

Merle D. Grimes, Platte River Greenway Foundation, Denver, Colorado.

Mary Anne Guitar, First Selectman, Town of Redding, Connecticut.

Robert P. Hagenhofer, Sourland Regional Citizens Planning Council, Flemington, New Jersey.

James R. Hinkley, planning consultant, Pittsboro, North Carolina.

Tony Hiss, *New Yorker* Magazine, New York, New York.

Linda Hixon, attorney, Chattanooga, Tennessee.

Jean Hocker, Land Trust Alliance, Alexandria, Virginia.

Robert Kendrick, Chamber of Commerce, Asheville, North Carolina.

Caroline King, Hudson River Valley Greenway Council, Albany, New York.

Kenny King, boat guide, Eugene, Oregon.

James Knight, Oregon Land Conservation and Development Commission, Salem, Oregon.

William A. Krebs, Maryland Department of Natural Resources, Annapolis, Maryland.

Judith Kunofsky, Greenbelt Alliance, San Francisco, California.

Douglass Lea, author and editor, Waterford, Virginia.

Marti Leicester, Golden Gate National Recreation Area, National Park Service, San Francisco, California.

Philip H. Lewis, Jr., Environmental Awareness Center, University of Wisconsin, Madison, Wisconsin.

Nina Lovinger, Oregon Natural Resources Council, Eugene, Oregon.

Leslie Luchonok, Bay Circuit Program, Massachusetts Department of Environmental Management, Boston, Massachusetts.

Anne Lusk, Stowe Recreation Path, Stowe, Vermont.

Anne McClellan, Neighborhood Open Space Coalition, New York, New York.

Stuart H. Macdonald, Trails Program, Colorado Division of Parks and Outdoor Recreation, Denver, Colorado.

Edward T. McMahon, Coalition for Scenic Beauty, Washington, D.C.

Chuck Mitchell, Mad Dog Design and Construction Company, Tallahassee, Florida.

John G. Mitchell, Redding Conservation Commission, Redding, Connecticut.

Allan H. Morgan, Sudbury Valley Trustees, Wayland, Massachusetts.

Robert O. Myhr, San Juan Preservation Trust, Lopez, Washington.

Larry Offerdahl, Department of Parks and Recreation, McKinney, Texas.

Keith Oliver, Pima County Transportation and Flood Control District, Tucson, Arizona.

W. Kent Olson, American Rivers, Washington, D.C.

Larry Orman, Greenbelt Alliance, San Francisco, California.

Anne Peery, Trust for Public Land, Tallahassee, Florida.

Susan P. Phillips, Association of Bay Area Governments, Oakland, California.

Robert Rindy, Oregon Land Conservation and Development Commission, Salem, Oregon.

Hal Salwasser, U.S. Forest Service, Washington, D.C.

David S. Sampson, Hudson River Valley Greenway Council, Albany, New York.

Ann Satterthwaite, planning consultant, Washington, D.C.

Klara B. Sauer, Scenic Hudson, Inc., Poughkeepsie, New York.

Loring LaBarbera Schwarz, environmental planner, Arlington, Virginia.

Robert M. Searns, Urban Edges, Denver, Colorado.

Susan E. Sedgwick, St. Louis County Department of Parks and Recreation, Clayton, Missouri.

Jeff Shoemaker, Platte River Greenway Foundation, Denver, Colorado.

Joe Shoemaker, Platte River Greenway Foundation, Denver, Colorado.

Nancy Smith, Clarke County Parks Department, Athens, Georgia.

Valerie Spale, Save the Prairie Society, Westchester, Illinois.

William T. Spitzer, Recreation Resources Assistance Division, National Park Service, Washington, D.C.

Brian L. Steen, Big Sur Land Trust, Carmel, California.

Mark Thornton, City of Allen Department of Parks and Recreation, Allen, Texas.

William Thornton, park planner, Plano, Texas.

Jean Webb, French Broad River Foundation, Asheville, North Carolina.

Susan Ziegler, Bay Circuit Program, Massachusetts Department of Environmental Management, Boston, Massachusetts.

### BOOKS

Blake, Peter. *God's Own Junkyard*. New York: Holt, Rinehart, and Winston, 1964.

Boyle, Robert H. *The Hudson River: A Natural and Unnatural History*. New York: Norton, 1969.

Caro, Robert A. *The Power Broker: Robert Moses and the Fall of New York*. New York: Knopf, 1974.

Diamant, Rolf, et al. *A Citizen's Guide to River Conservation*. Washington, D.C.: Conservation Foundation, 1984.

Dykeman, Wilma. *The French Broad*. Knoxville: University of Tennessee Press, 1955.

Eliot, Charles W. *Charles Eliot, Landscape Architect*. Boston: Houghton Mifflin, 1902.

Goodman, Paul, and Percival Goodman. *Communitas*. New York: Random House, 1947.

Houle, Marcy Cottrell. *One City's Wilderness: Portland's Forest Park*. Portland: Oregon Historical Society Press, 1988.

Howard, Ebenezer. *Garden Cities of To-Morrow*. 1898. Reprint. Cambridge, Mass.: MIT Press, 1965.

Leopold, Aldo. *A Sand County Almanac*. New York: Oxford University Press, 1949.

Longgood, William. *The Darkening Land*. New York: Simon and Schuster, 1972.

McHarg, Ian L. *Design with Nature*. Garden City, N.Y.: Natural History Press, 1969.

MacKaye, Benton. *The New Exploration*. New York: Harcourt Brace, 1928.

McLaughlin, Charles Capen, Charles E. Beveridge, and David Schuyler, eds. *The Papers of Frederick Law Olmsted*, vols. 1–5. Baltimore: Johns Hopkins University Press, 1977–. This important ongoing project will total twelve volumes. The general reader will find the introductory essays of each volume to be most useful.

Mueller, Marge, and Ted Mueller. *The San Juan Islands*. Seattle: The Mountaineers, 1988.

Mumford, Lewis. *The City in History*. New York: Harcourt, Brace, and World, 1961.

President's Commission on Americans Outdoors. *Americans Outdoors: The Legacy, the Challenge*. Covelo, Calif.: Island Press, 1987. Contains a major recommendation on greenways.

Rae, John B. *The Road and Car in American Life*. Cambridge, Mass.: MIT Press, 1971.

Roper, Laura Wood. *FLO: A Biography of Frederick Law Olmsted*. Baltimore: Johns Hopkins University Press, 1973.

Schuyler, David. *The New Urban Landscape: The Redefinition of City Form in Nineteenth-Century America*. Baltimore: Johns Hopkins University Press, 1986. A first-rate study of parks and urban amenities.

Stein, Clarence. *Toward New Towns for America*. New York: Reinhold, 1951.

Stevenson, Elizabeth. *Park Maker: A Life of Frederick Law Olmsted*. New York: Macmillan, 1977.

Stokes, Samuel N., et al. *Saving America's Countryside: A Guide to Rural Conservation*. Baltimore: Johns Hopkins University Press, 1989. An up-to-date and extremely useful citizen's how-to manual with policy-oriented case studies.

Tishler, William H., ed. *American Landscape Architecture: Designers and Places*. Washington, D.C.: Preservation Press, 1989.

Whyte, William H. *The Last Landscape*. New York: Doubleday, 1968. The definitive book on metropolitan open space. See especially Chapter 10, "Linkage," for an early essay on greenways.

## PUBLISHED REPORTS, REGIONAL STUDIES, AND PLANS

Albert H. Halff Associates, Inc. *A Linear Greenbelt Park Study*. Allen, Tex.: City of Allen, 1986.

Association of Bay Area Governments. *Project Description: San Francisco Bay Area Trail, Initial Environmental Study, and Possible Bay Trail Segments*. Oakland, Calif.: n.d. (1988). Write: ABAG, P.O. Box 2050, Oakland, CA 94604-2050.

Bay Area Trails Council. *The San Francisco Bay Area Ridge Trail Technical Coordinating Guidebook*. San Francisco, Calif.: n.d. (1988). Description of the Ridge Trail project and procedures for establishing the trail corridor. Write: Judith Kunofsky, Greenbelt Alliance, 116 New Montgomery St., Suite 640, San Francisco, CA 94105.

Beveridge, Charles E., and Carolyn F. Hoffman. *The Master List of Design Projects of the Olmsted Firm, 1857–1950*. Boston: Massachusetts Association for Olmsted Parks, 1987.

Canopy Road Advisory Committee. *Canopy Roads Preservation Plan*. Tallahassee, Fla.: 1988. Write: Appalachee Land Conservancy, P.O. Box 14266, Tallahassee, FL 32317.

Carr, Lynch Associates, Inc. *Tennessee Riverpark: Chattanooga*. Chattanooga, Tenn.: RiverCity Company, 1985. How to think big—master plan for a multimillion-dollar riverfront redevelopment program cum greenway. Address: The RiverCity Company, 701 Broad St., Chattanooga, TN 37402.

City of Boulder, Colorado. *Boulder Creek: A Plan for Preservation and Development*. Boulder, Colo.: n.d. (1984?). Write: Gary Lacy, Boulder Creek Project, City of Boulder, P.O. Box 791, Boulder, CO 80306.

City of Casper, Wyoming. *Master Plan: Platte River Parkway*. Casper, Wyo.: 1982. Photocopies may be available from the Platte River Parkway Trust, P.O. Box 1228, Casper, WY 82602. See also citation under Platte River Parkway Trust.

City of Raleigh, North Carolina. *Administration's Response to the Capital Area Greenway Master Plan*. Raleigh, N.C. 1986. The most recent comprehensive document on the expansion of the greenway system. Also of historical importance is "Raleigh: The Park with a City in It" (unpublished, 1969). Address: City of Raleigh, 222 W. Hargett St., Raleigh, NC 27602.

Colorado Division of Parks and Outdoor Recreation. *State Recreational Trails Master Plan/Nonmotorized*. Denver: 1985.

David Evans and Associates, Inc. *40-Mile Loop Master Plan*. Portland, Ore.: 40-

Mile Loop Land Trust, 1983. An excellent model for a detailed greenway plan. Not generally available, but the 40-Mile Loop Land Trust may send you a photocopy if you cover the cost. Address: 519 S.W. Third Ave., Portland, OR 97204.

Defenders of Wildlife. *Preserving Communities and Corridors*. Washington, D.C.: 1989. A collection of useful papers on wildlife corridors. Available from Defenders of Wildlife, 1244 Nineteenth St., N.W.,Washington, DC 20036.

Diamond, Henry L., et al. with Douglass Lea. *Greenways in the Hudson River Valley: A New Strategy for Preserving an American Treasure*. Tarrytown, N.Y.: Sleepy Hollow Press, 1988.

Ensor, Joan, and John G. Mitchell. *The Book of Trails*, 2d. ed. Redding, Conn.: Redding Conservation Commission and Redding Land Trust, 1985. A classic. Write: Town Office Building, Redding, CT 06875.

Eubanks, David. *Old Plank Road Trail-Community Impact Study*. Chicago: Open Lands Project, 1985. Approach to cost and privacy issues of trails. Write: Open Lands Project, 220 S. State St., Suite 1880, Chicago, Il 60604-2103

Federal Highway Administration. *Scenic Byways*. Washington, D.C.: 1988. An important policy document on scenic road designation and protection. Available from the Federal Highway Administration, Department of Transportation, 400 7th St. S.W., Room 4210, Washington, DC 20590. Ask for publication FHWA-DF-88-004.

Flournoy, William L., Jr. *Capital City Greenway: A Report to the City Council on the Benefits, Potential, and Methodology of Establishing a Greenway System in Raleigh*. Raleigh, N.C.: 1972. This is the plan (a thesis for a master's degree) that started the greenway movement in North Carolina and many other states. Out of print, but contact the author for a possible photocopy at North Carolina Department of Natural Resources, P.O. Box 27687, Raleigh, NC 27611-7687.

Fox, Tom, and Anne McClellan. *The Brooklyn-Queens Greenway: A Design Study*. New York: Neighborhood Open Space Coalition, 1988. Specifications and cost estimates for the BQG. Write: Neighborhood Open Space Coalition, 72 Reade St., New York, NY 10007.

Fox, Tom, Anne McClellan, and Maria Stanco. *The Brooklyn-Queens Greenway: A Feasibility Study*. New York: Neighborhood Open Space Coalition, n.d. (1987?). First rate. Available from the coalition, address above.

Friends of Parks, Recreation, and Conservation in Westchester, Inc. *The Bronx River Parkway Reservation*. White Plains, N.Y.: n.d. (1985?). Available from Westchester County Department of Parks, 618 Michaelian Office Bldg., White Plains, NY 10601.

Greenbelt Alliance. *Reviving the Sustainable Metropolis*. San Francisco, Calif.: n.d. (1989?). On metropolitan growth in the San Francisco urban region, with emphasis on a bay area greenbelt. Address: 116 New Montgomery St., Suite 640, San Francisco, CA 94105.

Harris, Larry D. *Conservation Corridors: A Highway System for Wildlife*. An ENFO Report. Winter Park, Fla.: Florida Conservation Foundation, 1985.

Available from Environmental Information Center, 1203 Orange Ave., Winter Park, FL 32789.

Hixson Chamber of Commerce. *North Chickamauga Creek Greenway: Preliminary Master Plan*. Hixson, Tenn.: 1989. Excellent example of a suburban greenway project plan. Address: Hixson Chamber of Commerce, P.O. Box 727, Hixson, TN 37343.

Jones, Stanton. *The Davis Greenway*. Davis, Calif.: 1988. A first-rate plan integrating the Davis bikeways with a greenway system. Write: Department of Environmental Design, University of California, Davis, CA 95616.

Kunofsky, Judith, and M. Thomas Jacobson. *Tools of the Greenbelt*. San Francisco, Calif.: People for Open Space (Greenbelt Alliance), 1985 (see address under Greenbelt Alliance).

Land Trust Exchange. *1989 National Directory of Conservation Land Trusts*. Arlington, Va.: 1989. Lists 748 local groups, many of which are undertaking greenway projects. Available from the LTE at 900 17th St., N.W., Suite 410, Washington, D.C. 20006.

Marist Institute for Public Opinion. *A Survey of Public Attitudes on the Hudson River Valley*. Poughkeepsie, N.Y.: Marist College, n.d. (1987?). "By greater than 2:1, residents in the Hudson River Valley believe that [a greenway] is a good idea even if it limits development in their county." Available from Scenic Hudson, Inc., 9 Vassar St., Poughkeepsie, NY 12601.

Maryland Department of Natural Resources. *Patapsco Greenway: A Redevelopment Concept for the Lower Patapsco River Valley*. Annapolis, Md.: 1987.

Mid-Atlantic Regional Office, National Park Service. *Riverwork Book*. Philadelphia, Pa.: 1988. Write NPS at 260 Customs House, 200 Chestnut St., Philadelphia, PA 19106.

Mitchell, John G. *High Rock*. New York: Friends of High Rock, 1976.

Montagne, Charles H. *Preserving Abandoned Rights-of-Way for Public Use: A Legal Manual*. Washington, D.C.: Rails-to-Trails Conservancy, 1989 (see address under Rails-to-Trails Conservancy).

National Park Service. *Rivers and Trails Conservation Assistance Program Annual Report*. Washington, D.C.: 1988. Describes NPS technical services and provides addresses of regional greenway specialists. Contact Christopher N. Brown, Manager, NPS Rivers and Trails Conservation Program, P.O. Box 37127, Washington, DC 20013.

North Central Texas Council of Governments. *Rowlett Creek Interjurisdictional Watershed Management Progam*. Arlington, Tex.: North Central Texas Council of Governments, 1987. Address: P.O. Drawer COG, Arlington, TX 76005-5888.

Olson, W. Kent. *Natural Rivers and the Public Trust*. Washington, D.C.: American Rivers, Inc., 1988.

Pima County Department of Transportation and Flood Control District. *Preliminary Discussion Document for a Regional Permit Application under Section 404, Clean Water Act, Submitted to U.S. Army Corps of Engineers, Los Angeles District*. Tucson, Ariz.: 1987.

_____. *General Mitigation Approach for 404 Permits*. Tucson, Ariz.: 1988. Features natural greenways as opposed to engineering structures for flood mitigation. Write: Pima County DOT & FCD, 1313 S. Mission Rd., Tucson, AZ 85713.

_____. *River Park Design Guidelines*. Tucson, Ariz.: 1988. Description of Tucson greenway system. Address above.

Pima County Open Space Committee. *The Findings of the Pima County Open Space Committee,* with a supplemental report, *Open Space in Pima County.* Tucson, Ariz.: 1988. Discusses Tucson greenway system. Write: Pima County DOT & FCD, 1313 S. Mission Rd., Tucson, AZ 85713.

Platte River Parkway Trust. *1987 Annual Report to Board and Membership.* Casper, Wyo.: 1987. Especially good report showing an urban river greenway program in action. Address: P.O. Box 1228, Casper, WY 82602.

Rails-to-Trails Conservancy. *Converting Rails-to-Trails: A Citizen's Manual for Transforming Abandoned Rail Corridors into Multipurpose Public Paths.* Washington, D.C.: 1987. This indispensable manual is updated from time to time. Available from the RTC, 1400 16th St., N.W., Washington, DC 20036.

_____. *Sampler of America's Rail Trails.* Washington, D.C.: 1988.

Redding, Connecticut Conservation Commission. *Redding Open Space Plan.* Redding, Conn.: 1984. Features the Redding Greenbelts proposal. Address: Town Office Building, Redding, CT 06875.

St. Louis County Department of Parks and Recreation. *Lower Meramec River Management Study.* St. Louis: Meramec River Recreation Area Coordinating Committee, 1980.

Satterthwaite, Ann, with John G. Mitchell. *Appalachian Greenway.* Harpers Ferry, W. Va.: 1975. A proposal to expand the Appalachian Trail into a greenway.

Scenic Hudson, Inc. and National Park Service. *Building Greenways in the Hudson River Valley: A Guide for Action.* Poughkeepsie, N.Y.: 1989. Write: Scenic Hudson, 9 Vassar St., Poughkeepsie, NY 12601.

Seattle Engineering Department. *Evaluation of the Burke-Gilman Trail's Effect on Property Values and Crime.* Seattle: 1987. Available from City of Seattle, Engineering Department, Bicycle Program, 600 4th Ave., 9th Floor, Seattle, WA 98104.

Shaw, William W., et al. *Wildlife Habitats in Tucson: A Strategy for Conservation.* Tucson, Ariz.: School of Renewable Natural Resources, University of Arizona, 1986.

Shoemaker, Joe, with Leonard A. Stevens. *Returning the Platte to the People.* Denver: The Platte River Greenway Foundation, 1981. A fascinating case history of a premier urban river greenway. Full of tips for pro and tyro alike. Available from the Foundation at 1666 S. University Blvd., Denver, CO 80210.

Sourland Regional Citizens Planning Council. *The Sourland Legacy.* Neshanic Station, N.J.: 1989. Available from the council at Box 538, Neshanic Station, NJ 08853.

Tucker, Dean F., and Hugh A. Devine. *Town of Cary Parks, Recreation, and Greenways Survey: Final Report.* Cary, N.C.: 1989. An exhaustive citizen survey on all kinds of greenway issues such as the preference of asphalt over dirt for paths (a draw). Address: Cary Planning Department, 316 N. Academy St., Cary, NC 27511.

U.S. Army Corps of Engineers. *Survey Report and Environmental Assessment of Rillito River and Associated Streams.* Los Angeles, Calif.: 1988. On Tucson's floods.

U.S. Environmental Protection Agency. *National Water Quality Inventory: 1986 Report to Congress.* Washington, D.C.: U.S. Government Printing Office, 1988.

U.S. Office of Coastal Zone Management, National Oceanic and Atmospheric Administration. *Improving Your Waterfront: A Practical Guide.* Washington, D.C.: U.S. Government Printing Office, 1980.

Urban Design Assistance Team (AIA) and Community Assistance Team (ASLA). *The Riverfront Plan.* Asheville, N.C.: French Broad Riverfront Planning Committee, Inc., 1989. The assistance teams are from the state chapters of the American Institute of Architects and the American Society of Landscape Architects. Both organizations provide pro bono "charettes" to help localities develop new planning concepts. This project represents the first time the two groups teamed up. The plan is available from the French Broad Riverfront Planning Committee, P.O. Box 15488, Asheville, NC 28813-0488.

Urban Drainage and Flood Control District. *The South Platte River: A Plan for the Future—Chatfield to Brighton.* Denver, Colo.: 1985. Shows relation of flood control to greenway planning for forty miles of the South Platte, through Denver and four counties north and south of the city. Write: UDFCD, 2480 W. 26th Ave., Suite 156-B, Denver, CO 80211.

Whyte, William H. *Cluster Development.* New York: American Conservation Association, 1964.

—————. *Securing Open Space for Urban America: Conservation Easements.* Washington, D.C.: Urban Land Institute, 1959. Contains the earliest reference to *greenways* as such which I have been able to find.

Wilburn, Gary. *Routes of History: Recreational Use and Preservation of Historic Transportation Corridors.* Information Series 38. Washington, D.C.: National Trust for Historic Preservation, 1985. A useful how-to paper, with case histories, by a former National Trust lawyer. Address: National Trust, 1785 Massachusetts Ave., N.W., Washington, DC 20036.

Wilkins, Suzanne, and Roger Koontz. *Connecticut Land Trust Handbook.* Middletown, Conn.: The Nature Conservancy and the Conservation Law Foundation of New England, 1982. Despite its focus on New England, this is a generally useful how-to handbook for setting up and operating land trusts to conduct greenway projects. Available from the Nature Conservancy at 55 High St., Middletown, CT 06457.

## *UNPUBLISHED PAPERS*

Backes, Maude. "The Delaware and Raritan Greenway: A Regional Vision Realized through Local Action." Photocopied conference paper, December 1988.

Burwell, David. "Trail Blazing for Tomorrow: A National Greenway Network." Conference Paper, 27 July 1989.

Cheever, Douglas. "Primer for Rail-Trail Proponents." Photocopied paper, n.d. This two-page how-to for rail-trail conversion is a masterpiece. Write: Heritage Trail, Inc., 900 Kelly La., Dubuque, IA 52001.

Coalition for Scenic Beauty. "Environmental Coalition Backs Scenic Byways Legislation." Press release, 22 February 1989. Contains summary of scenic highway bill (q.v., Miscellaneous Documents, below).

Conservation Fund. "Greenways to the Bay." Photocopied paper, n.d. (1989). Concept description for a statewide greenway system for Maryland.

Coyle, Kevin J. "Strategies and Tools for Protecting Greenways." Photocopied paper, 30 November 1987. Good summary, by a lawyer, of greenway acquisition techniques. Available from American Rivers, 801 Pennsylvania Ave., S.E., Suite 303, Washington, DC 20003.

Dawson, Kerry J., and Mark Francis. "Open Space and Livability in Davis." Photocopied paper, 28 October 1987. Proposes a wildlife and natural area system based on greenways. Write: Department of Environmental Design, University of California, Davis, CA 95616.

Eugster, J. Glenn. "Steps in State and Local Greenway Conservation Planning." Photocopied paper, 19 February 1988.

Forbes, Christina C. "Greenway Development Statutes and Programs." Photocopied paper, 22 August 1988. Deals with federal and New York state statutes and programs.

Hay, Keith. "Wildlife Corridors for Metropolitan America." Photocopied paper, 1986. Submitted to the President's Commission on Americans Outdoors.

Houck, Michael C. "Urban Wildlife Habitat Inventory: The Willamette River Greenway, Portland, Oregon." Galley proofs for an article, n.d. (1986?).

Huckelberry, C. H. "Flood Damage Reduction through Flood-Prone Land Acquisition." Photocopied report to Pima County (Tucson) Board of Supervisors, with an accompanying memorandum of recommendations, 31 October 1985. Write: Pima County Department of Transportation and Flood Control District, 1313 S. Mission Rd., Tucson, AZ 85713.

Lewis, Philip H., Jr. "The Environmental Awareness Center." Draft manuscript for a publication, n.d.

Lusk, Anne. "How to Build a Path in Your Community." Photocopied paper, 1986. Lessons from the Stowe Recreation Path. Address: Anne Lusk, R.D. 2, Box 3780, Stowe, VT 05672.

Macdonald, Stuart H. "Building Trails with Community and Political Support." Photocopied paper, n.d.

Maryland Department of Natural Resources. "Program Open Space: A Brief History." Photocopied paper, n.d. (1988?).

Mercer, Paige. "Charles Eliot's Bay Circuit Greenbelt Project." Manuscript paper for a graduate course, 25 May 1989. Address: 300 Topsfield Road, Ipswich, MA 01938.

Minnesota Department of Natural Resources. "Living Along Trails: What People Expect and Find." Mimeographed paper, 1987 (revised). Results from a 1979–80 survey of landowners. Available from: Trails Program Section, Minn. DNR, Box 52, 500 Lafayette Rd., St. Paul, MN 55155-4052.

Myhr, Robert O. "Private Coastline Conservation Management: The Land Trust in the San Juan Islands, Washington." Photocopied paper, n.d. On the activities and procedures of the trust. Address: San Juan Preservation Trust, Route 1, Box 2114, Lopez Island, WA 98261.

Rails-to-Trails Conservancy. "The Number of U.S. Rails-to-Trails Conversions Passes 200-Mark: 27 Million Used them in '88." Press release, 9 February 1989. Contains state-by-state breakdown of rail-trail miles in the United States.

Reichenbach, Kristina. "Illinois Greenways: Opportunities and Opposition." Master's degree thesis, 15 May 1989. A fine paper on the politics of greenway-making, with cases in point covering the Fox River, I & M Canal, Middle Fork of the Vermilion River, Rock Island Trail, Heartland Pathway, and the Shawnee Trail, all in Illinois. Address: R.R. 1, Box 371, Petersburg, IL 62675.

Schwarz, Loring LaBarbera. "Maryland Greenways." Photocopied report on 1989 workshop discussions concerning a state-level program, n.d.

Steen, Brian L. "The Big Sur Coast: An Area of Natural Grandeur." Manuscript chapter for a report, n.d. (1987?). Write: Big Sur Land Trust, Box 221846, Carmel, CA 93922.

Trustees of Public Reservations of Massachusetts. *The Bay Circuit: A Practical Plan for the Extension of the Metropolitan Park System and the Development of a State Parkway through a Number of Reservations in the Circuit of Massachusetts Bay.* Boston: 1937. A significant document in greenway history. Available at the library of the Harvard School of Design, Cambridge, Mass.

Yakima River Greenway Foundation. "A Brief Historical Synopsis of the Yakima River Regional Greenway." Photocopied paper, n.d. (1985?).

Ziegler, Susan. "The Bay Circuit Program." Draft manuscript for a government report, n.d. (1988).

## ARTICLES

"American River Parkway: A Plan for All Seasons." *Open Space Action* (August 1969): 32–33. On an early greenway subject to a recent court suit to protect water flow. See entry under Hodge in "Miscellaneous Documents," below.

Beauchamp, Tanya Edwards. "Renewed Acclaim for the Father of American Landscape Architecture." *Smithsonian* (December 1972): 69–74. On Olmsted.

Brunnemer, Nancy M., and Owen J. Furuseth. "Mecklenburg County [N.C.]

Greenways: A Planned Open Space Network of Floodplains." In *Proceedings of the Tenth Annual Conference of the Association of State Floodplain Managers*, 35–40. Madison, Wisc.: Association of State Floodplain Managers, 1986.

Budd, William W., et al. "Stream Corridor Management in the Pacific Northwest. I. Determination of Stream-Corridor Widths." *Environmental Management* 11 (1987): 587–97.

Burwell, David. "Viewpoint: Rails-to-Trails." *Wilderness* (Winter 1986): 60.

California State Senate. *Senate Bill 100*. Sacramento, Calif.: 1986. Bill by William Lockyer which provides for a recreational corridor for San Francisco and San Pablo Bays—the so-called *Bay Trail*. Amends Division 5, Chapter 11, California Public Resources Code.

Carlson, Christine, et al. "A Path for the Palouse: An Example of Conservation and Recreation Planning." *Landscape and Urban Planning* 17 (1989): 1–19.

Cohen, Paul L., et al. "Stream Corridor Management in the Pacific Northwest. II. Management Strategies." *Environmental Management* 11 (1987): 599–605. (Cf. article citation under Budd, above.)

Coyle, Kevin J. "The Role of the Developer in Greenway Acquisition." *National Wetlands Newsletter* (September-October 1988): 10–12.

Cragnolin, Karen. "Who Created the Plan for Asheville's Riverfront?" *Asheville* [N.C.] *Citizen* (8 September 1989): 6D–7D.

Dalsemer, Richard. "Land Trust Sponsors Proposition 70." *Big Sur Land Trust News* (Spring 1988). Write: the Big Sur Land Trust, Box 221864, Carmel, CA 93922.

Didato, Barry. "How Green Is My Valley?" *Hudson Valley* (March 1989): 33–34.

Diringer, Elliot. "Tentative Ruling on American River Water Flow." *San Francisco Chronicle* (15 June 1989): A9. An important judicial decision. See entry under Hodge, in "Miscellaneous Documents," below.

Donaldson, Scott. "City and Country: Marriage Proposals." In *American Habitat: A Historical Perspective*, edited by Barbara Rosenkrantz and William Koelsch, 279–98. New York: Free Press, 1973.

Egan, Timothy. "Seattle Bid to Make Old Rails New Trails." *New York Times* (12 March 1988): 6.

Evans, Craig. "Bringing Walkways to Your Doorstep." *Parks and Recreation* (October 1987): 30–35.

Flournoy, William L., Jr. "A Nonlinear Approach to Open Space." *Carolina Planning* 15 (1989): 50–54. *Nonlinear* refers to greenway planning and implementation procedures, not to geomorphology.

Forman, Richard T. T. "An Ecology of the Landscape." *BioScience* 33 (1983): 535.
_____. "Emerging Directions in Landscape Ecology and Applications in Natural Resource Management." In *Conference on Science in the National Parks*, 59–88. Washington, D.C.: National Park Service, The George Wright Society, 1986.
_____. "The Ethics of Isolation, the Spread of Disturbance, and Landscape Ecology." In *Landscape Heterogeneity and Disturbance*, ed. Monica Goigel

Turner, 213–29. New York: Springer-Verlag, 1987.

Forman, Richard T. T., and Michael Godron. "Patches and Structural Components for a Landscape Ecology." *BioScience* 31 (1981): 733–40.

Frenkel, Robert E., et al. "Vegetation and Land Cover Change in the Willamette River Greenway in Benton and Linn Counties, Oregon: 1972–1981." In *Yearbook of the Association of Pacific Coast Geographers,* ed. James W. Scott, 46, (1984): 63–77. Corvallis, Ore.: Oregon State University Press, 1985.

"Gap to Gap." Yakima (Wash.) *Herald-Republic* (3 June 1988): 1F–12F. Special section published annually describing the Gap-to-Gap relay and listing the teams.

Gayle, Lisha. "Greenbelt: Group Is Fighting to Expand Meramec's Parks, Open Space." *St. Louis Post Dispatch* (15 May 1989): 1W–2W. On the Meramec River Greenway.

"Greenspaces and Greenways Are Growing Across the Region." *The Region's Agenda* (a Regional Plan Association [New York] publication) (February 1989): 1–4.

"Greenway Council: Think Big." Editorial, *Poughkeepsie Journal* (21 May 1989): 6C.

Hall, Alice J. "The Hudson: 'That River's Alive'." *National Geographic* (January 1978): 62–88.

Hiss, Tony. "Reflections: Encountering the Countryside." A two-part article. *New Yorker* (21 August 1988): 40–69 and (28 August 1988): 37–63. A thoughtful essay. Part 2 bears on regional-planning issues as they may affect greenway-making.

Hocker, Jean. "Greenways and Land Trusts: A Natural Partnership." *Land Trusts' Exchange* (Summer 1987): 6–7.

Hofford, William H. "The French Broad: A River Reborn." *Journal of Freshwater* 8 (1984): 24–26.

Huber, Joan. "Patriot's Path." *New Jersey Outdoors* (October 1984): 10–11.

Jackson, Donald Dale. "The Long Way 'Round: The National Scenic Trails System and How It Grew. And How it Didn't." *Wilderness* (Summer 1988): 17–24.

Kihn, Cecily Corcoran, et al. "Conservation Options for the Blackstone River Valley [R.I.-Mass.]." *Landscape and Urban Planning* 13 (1986): 81–99.

King, Caroline. "Is a Greenway Feasible Here?" *Land Trusts' Exchange* (Summer 1987): 14–15. On a proposed greenway along New York's Delaware and Hudson Canal.

Klose, Kevin. "Chicago's Canal Connection: A New National Park Brings a Historic Water System Back to Life." *Washington Post* (12 August 1984): E1, E6.

Kusler, Jon, and Anne Southworth. "Greenways: An Introduction." *National Wetlands Newsletter* (September-October 1988): 2–3.

Lea, Douglass. "Partial Pathways: An Abbreviated Guide to the [National Scenic Trails] System As It Is." *Wilderness* (Summer 1988): 25–35.

Lewallen, John. "Anne Taylor and the Raleigh Greenway." *Sierra Club Bulletin* (March 1976): 41–44.

Little, Charles E. "Linking Countryside and City: The Uses of 'Greenways.' "

*Journal of Soil and Water Conservation* (May-June 1987): 167–69.

Lusk, Anne. "Greenway in Vermont." *Parks and Recreation* (January 1989): 70–75. On the Stowe Recreation Path.

Macdonald, Stuart H. "Building Support for Urban Trails." *Parks and Recreation* (November 1987): 26–33.

McIlwain, Joy. "Saving Land for the Future." *Tallahassee Magazine* (Summer 1987): 31–33. About the Canopy Roads.

Martin, Julia Ibbotson. "Greenbelt Still Belongs to the People." *Staten Island Advance* (24 January 1988): A1, A6. First in a series of a retrospective articles on the Staten Island Greenbelt. Others: (25 January 1988): A1–A2; (26 January 1988): A3; and (27 January 1988): A3.

Meagher, John. "EPA's Contribution to the Greenway Effort." *National Wetlands Newsletter* (September-October 1988): 7–9.

Merriman, Kristin. "Greenways: A New Face for America." *Outdoor America* (Summer 1988): 22–23.

Miller, James Nathan. *The Great Billboard Double-Cross. Reader's Digest* (June 1985): reprint ed., 1–8.

Morris, Philip. "Streamside Open Space: It's a Natural." *Southern Living* (March 1974): 61–67.

Nelson, Arthur C. "An Empirical Note on How Regional Urban Containment Policy Influences an Interaction between Greenbelt and Exurban Land Markets." *APA Journal* (Spring 1988): 178–84.

Nunnally, Pat. "Iowa's Heritage Trail." *American Land Forum* (March-April 1987): 23–27.

Pritchard, Paul. "Americans Outdoors." *National Parks* (May-June 1987): 12–13. On the President's Commission for Americans Outdoors, which recommended citizen action on greenways.

"Public Shocked by Trail Damage in Iowa, Seattle." *Trailblazer* [newsletter of the Rails-to-Trails Conservancy] (April-June 1988): 1, 4.

Rogers, Ray. "In Land We Trust." *San Francisco Magazine* (July-August 1988): 35–36.

Rohling, Jane. "Corridors of Green." *Wildlife in North Carolina* (May 1988): 22–27.

Ross, Rosanne K. "Park with a City in It." *American Forests* (November 1978): 13–15, 48–49. On the Raleigh greenway system.

Sampson, David S. "The Hudson River Valley Greenway: A Case for Market Environmentalism." *Environmental Law Section Journal* 8 (September 1988): 14–16.

"The San Antonio River Walk: An Urban Masterwork Appreciated, Not Always Understood." *Water & Our World* (March-April 1988): 5–7.

"Saving Hudson Valley's Heritage." Editorial, *Poughkeepsie Journal* (27 December 1987): 8C.

Schurr, Karl, et al. "How a Natural River Can Increase the Community's Tax Base." *American Rivers* (December 1985): 6–7.

Searns, Robert M. "Denver Tames the Unruly Platte: A Ten-Mile River Green-way." *Landscape Architecture* (July 1980): reprint. A good description of the Platte River Greenway by a planner in on its creation. Write: Urban Edges, Inc., 1624 Humboldt St., Denver, CO 80218.

Seidensticker, John. "From the Ridge of the Fan." *Zoogoer* (November-December 1988): 27–30. Discusses a network of greenways around Washington, D.C., which connect with the National Zoo in Rock Creek Park and other open-space areas.

Spale, Valerie. "Greenway Connects the Past and Future." *Chicago Sun-Times* (17 July 1987): 38. About the 31st Street Greenway.

Spanbauer, Mary Kay. "Ribbons of Green." *Wildlife and Parks* (June 1988): 12–14.

Stallings, Constance. "Rights of Way." *Open Space Action* (May-June 1969): 15–21. An early article on rails-to-trails conversions which accurately predicted the importance of this movement.

Sullivan, John. "The Greening of New York." *New York Daily News Magazine* (25 September 1988): 11–12, 70. Roundup of greenway projects in the New York City boroughs.

Sutton, Edward D. "Ancient New England Highways: The Hanover 'Greenways' Controversy." *Vermont Law Review* 9 (1988): 373–413. About a failed effort (based on a 1761 ordinance) to convert an abandoned town highway right-of-way into a greenway.

Trudeau, Richard. "A Vision for a Living Network of Greenways." *California Parks & Recreation* (Fall 1988): 11, 13–18.

## MISCELLANEOUS DOCUMENTS

Burwell, David, and Robert Brager. *Preseault and Preseault v. Interstate Commerce Commission, et al.* Washington, D.C.: Supreme Court of the United States, October term, 1989. Amicus Curiae brief by Rail-to-Trails and others in support of ICC in a case originally brought in Vermont by landowners adjacent to a railroad right-of-way who claimed that its conversion to a recreational trail was an unconstitutional taking of their property without just compensation. An excellent roundup of laws pertaining to rail-trail conversions. Availble from RTC, 1400 16th St., N.W., Washington, DC 20036.

Hodge, Richard A. "Preliminary Tentative Decision," *Environmental Defense Fund v. East Bay Municipal Utility District.* Superior Court of California, County of Alameda, 12 June 1989. Restrains the water district from lowering the flow of water on the American River which would have degraded the American River Greenway in Sacramento.

"The Hudson Valley Greenway Study." New York State Environmental Conservation Law, §49-0104, 16 August 1988 (McKinney 1989.) Copies of the statute are available from the Hudson River Valley Greenway Council, 2 City Square, Albany, NY 12207.

Lindberg, Mike. *Draft Resolution.* Portland, Ore.: 1985. Provides for intergovernmental cooperation in implementing the 40-Mile Loop Master Plan commissioned by the 40-Mile Loop Land Trust. Address: 40-Mile Loop Land Trust, 519 S.W. Third Ave., Portland,OR 97204.

Massachusetts Department of Environmental Management, the Bay Circuit Program. "Land Acquisition Criteria." Boston: 1987. Internal document describing a point system to establish land acquisition priorities for the Bay Circuit greenway corridor. May be available from Massachusetts DEM, Bay Circuit Program, 225 Friend St., Boston, MA 02114.

McDade, Joseph M., and Morris K. Udall. *Multi-Objective River Corridor Planning Workshops*. Washington, D.C.: 1989. Compendium of witnesses responses from six field hearings held during 1988 by Congressmen McDade and Udall dealing with riparian greenways.

New Jersey Department of Environmental Protection, Delaware & Raritan Canal Commission. "D & R Canal State Park." Brochure on the history of the park. Available from the Delaware and Raritan Canal Commission, 25 Calhoun St., CN 402, Trenton, NJ 08625.

Oregon Land Conservation and Development Commission. *Willamette River Greenway Program*. Salem, Ore.: n.d. Document contains the state law providing for the Willamette River Greenway, legislative history, commission orders, and rules and regulations regarding implementation. Available from: LCDC, 1175 Court St., Salem, OR 97310.

Peters, Schmaltz, Fowler & Inslee, P.S. *By-Laws of Yakima River Regional Greenway Foundation*. Yakima, Wash.: 1985. A good model for a public-private greenway foundation. Write: Yakima River Greenway Foundation, 103 S. Third St., Yakima, WA 98901.

U.S. Congress, House of Representatives. "Scenic Byways Study Act of 1989 (H.R. 1087)," 22 February 1989. Introduced by Congressman James Oberstar (D-Minn.). A companion bill was introduced into the Senate by Senator Jay Rockefeller (D-W. Va.).

U.S. Court of Appeals, Eighth Circuit. *Glosemeyer, et al. v. Missouri-Kansas-Texas Railroad, et al.* 5 July 1988. Key decision upholding the constitutionality of the federal railbanking law.

U.S. Department of the Interior, National Park Service. *Chesapeake and Ohio Canal*. Map of the (Maryland/D.C.) National Recreation Area, a national park greenway, with a text description and history, n.d.

_____. *Cuyahoga Valley*. Map of the (Ohio) National Recreation Area, a national park greenway, with a text description and history, n.d.

_____. *Ice Age Trail*. Map of the (Wisconsin) scenic trail with a text description and history, n.d.

U.S. Forest Service, Pacific Northwest Region. *Columbia River Gorge National Scenic Area: Final Interim Guidelines*. Hood River, Ore.: 1987. Background and land-use policies pertaining to this intergovernmental greenway. Address: U.S. Forest Service, Columbia River Gorge National Scenic Area, 902 Wasco Ave., Hood River, OR 97031.

# 致 谢

本书能够得以完成，我只参与了一部分的工作。基本的信息来自所有我采访过的人，众多被采访者提供了一些游览经历，所有被采访者提供了宝贵的写作材料。这些人的名字都列入了重要来源（Principal Sources）名单中。

最初的研究想法、大部分基础工作以及该工作得以坚持下来的忍耐力都来自 Keith G. Hay 的无私贡献，他是我的同事，朋友，还是保护基金会（Conservation Fund, Inc.）美国绿道项目的主管；而保护基金会则赞助了本书的出版。同时，Keith Hay 还帮助收集了三个相册的照片——其中包括他自己的一些照片。与此同时，他对于国家绿道运动以及该项目的领导工作，值得纪念并具有重要意义。本书在形式、思路和结构上，很大程度地反映了 George F. Thompson 的观点——他是美国空间中心（Center for American Places）的主席，兼约翰·霍普金斯大学出版社（Johns Hopkins University Press）的发行顾问。Thompson 是我所遇到的非常优秀的编辑之一。Darlence Thomas，文化人类学家，作为研究助手，他与答复我问题的那些人进行了联系，并采访了非营利组织、政府部门，以及对绿道感兴趣的基金会。本书撰写过程中，她给予了我很大的帮助，同时也为之后其他人进行技术方法和学术理论研究奠定了基础。

我还要感谢 Jack Goellner 的支持。他是约翰·霍普金斯大学出版社的主管，对项目具有极大的热情和献身精神。感谢保护基金会主席 Patrick Noonan 先生，他撰写了封面的前言，并管理着主要来自国家艺术资助协会（National Endowment for the Arts）和美国保护协会（American Conservation Association）的资金，使我能够完成写作工作。

Marge Nelson 用快速完美的技能对拷贝编辑、文献索引等工作进行了处理。我还要感谢国家地理协会（National Geographic Society）的 Noel Grove，我不会忘记那些珍贵的红葡萄酒；协会的签约摄影师 Phil Schermeister，慷慨的提供了很多彩色照片。长期的合作伙伴 Harriet Wright，绘制了很多地图；Ann Walston 完成了书籍的设计工作；Kim Johnson 解决了本书发行的问题。在此，对他们表示衷心感谢。

在工作的研究阶段，Jean Hocker 和土地信托联盟（Land Trust Alliance）帮助我联系了很多与绿道有关的地方土地信托公司。此外，许多来自不同领域的专家对我的研究给予了帮助，包括 Charles Vernon、Andrew Traldi、Beth、Bob Fixsen、Paul A. Clement、Patricia Maida、Charles T. Little、Diana、David Dawson、Sue Sheats、Isaac Taylor、Alison、John G. Mitchell、Catharine Vernon、Dorothy、Tom Pariot、Arlene 和 David Sampson、Nancy Vernon 等等。

目前我还保留着很多采访文稿，包括：Charles E. Beveridge、Tony Hiss、Richard Anderwald、Klara Sauer、John G. Mitchell、Robert Hagenhofer、Tom Fox、Susan Ziegler、David Bruwell、Gerald Adelmann、Chuck Mitchell、Douglas Cheever、William Flournoy、Brian Steen、Susan Sedgwick、Judith Kunofsky、Keith Hay。他们都尽可能地帮助我完成此书。如果存在任何错误的话，那是我的问题，与他们无关。

最后，没有我妻子 Ila Dawson Little 的帮助，这个项目也难以完成。她是英国文学的教授，是位极好的旅行伙伴，也是一名驾驶高手。她和我用了几周的时间，一起进行野外调查。

# 图片出处

## GALLERY I

1. Phil Schermeister, courtesy National Geographic Society
2. Charles Aguar
3. J. Weiland (© J. Weiland)
4. Oregon State Parks
5. Phil Schermeister, courtesy National Geographic Society
6. Phil Schermeister, courtesy National Geographic Society
7. Tim Burke
8. Matthew McVay/ALLSTOCK
9. Anne Lusk
10. Phil Schermeister, courtesy National Geographic Society
11. R. Harrison Wiegand
12. Phil Schermeister, courtesy National Geographic Society
13. Keith G. Hay
14. Phil Schermeister, courtesy National Geographic Society

## GALLERY II

15. Kathleen Thormod Carr (© Kathleen Thormod Carr)
16. Clois Ensor
17. Chuck Flink
18. Bill Flournoy
19. Chuck Flink
20. James Bleecker (© James Bleecker)
21. Chip Porter
22. James Bleecker (© James Bleecker)
23. Doug Cheever
24. Phil Schermeister, courtesy National Geographic Society
25. Herb Liu
26. Gretta Kraft
27. Keith G. Hay
28. Phil Schermeister, courtesy National Geographic Society
29. Phil Schermeister, courtesy National Geographic Society

## GALLERY III

30. Massachusetts Department of Environmental Management
31. James Valentine
32. John Rawlston/The RiverCity Company
33. Tom Fox (© Tom Fox)
34. Misha Erwitt, *New York Daily News*
35. Keith G. Hay
36. Yakima Greenway Foundation
37. Keith G. Hay
38. Phil Schermeister, courtesy National Geographic Society
39. Bob Walker (© Bob Walker)
40. Phil Schermeister, courtesy National Geographic Society
41. Phil Schermeister, courtesy National Geographic Society
42. Bob Walker (© Bob Walker)
43. Upper Illinois Valley Associat (© Holland)

## CHAPTERS 3 AND 9

The sixteen maps were created by Harriet Wright.

# 译后记

19 世纪的城市公园运动和 20 世纪的开敞空间规划浪潮之后，美国建成了大量的公园和开敞空间。然而，这些绿地之间相互独立、分散，缺少系统性的连接，为了将这些分散的绿色空间连通起来，美国从 20 世纪中叶开始，对各类绿地空间进行了连通尝试。20 世纪 70 年代开始有了"绿道"（greenway）概念。此后，绿道概念被广为接受，绿道的规划和实施也开始大量出现，成百上千条的绿道被规划和建造。正如 1987 年美国总统委员会报告对 21 世纪的美国作了一个展望："一个充满生机的绿道网络……使居民能自由地进入他们住宅附近的开敞空间，从而在景观上将整个美国的乡村和城市空间连接起来……就像一个巨大的循环系统，一直延伸至城市和乡村。"

当今的中国绿道运动正在如火如荼地展开，珠三角、长三角，乃至全国范围内掀起了绿道建设的高潮。珠三角绿道网已经实现全面贯通，走在了全国绿道系统建设和发展的前列。对国外绿道经典著作的系统引入，对于探索中的中国绿道规划、建设和管理，具有重要的意义。

《美国绿道》是第一本综合研究美国绿道出版物，1990 年第一次出版，1995 年再版。作者在对美国绿道进行广泛调查，以及对规划设计和建设专业人员进行无数次访谈的基础上，撰写了本书。本书追溯了国内外的绿道发展历程，剖析了很多绿道工程，并且描述了全美范围内的创造和保护绿道的几个代表人物；对绿道的基本类型进行了论述，如河岸与都市河流绿道、小径和游径、生态廊道、风景驾车道和历史线路、绿道网络项目等，并且全面讨论了纵贯全美的连接市镇、城市和公园的并已产生巨大的生态、社会效益的美国绿道系统。因此，本书全面系统地对美国绿道系统进行了实证研究和理论总结，具有极强的实证研究价值和实践意义。

本书的翻译是集体劳动的产物，在此对所有参与、支持本书翻译工作的同仁表示衷心的感谢。北京交通大学风景道与旅游规划研究所研究生莫雯静、陈海沐对全书的校译做了许多工作。参与本书的译者还有罗丽、王海凤、邱海莲、刘娅、韩淼、王缤钰等同学。全书由余青统一做第二次翻译，以更忠实于原著，并对全书进行了统一校核审定。董苏华编审对书稿进行了认真审校，在此特表示感谢。

余青

北京交通大学风景道与旅游规划研究所所长

教授、博士生导师

2012 年 9 月 20 日